어느 칠레 선생님의
물리학 산책

어느 칠레 선생님의
물리학 산책

초판 1쇄 발행 2019년 2월 28일
초판 2쇄 발행 2019년 10월 11일

지은이 안드레스 곰베로프 **옮긴이** 김유경 **감수** 이기진

펴낸이 이상순 **주간** 서인찬 **편집장** 박윤주 **제작이사** 이상광
기획편집 이세원, 박월, 김한솔, 최은정, 이주미 **디자인** 유영준, 이민정
마케팅홍보 이병구, 신희용, 김경민 **경영지원** 고은정

펴낸곳 (주)도서출판 아름다운사람들
주소 (10881) 경기도 파주시 회동길 103
대표전화 (031) 8074-0082 **팩스** (031) 955-1083
이메일 books777@naver.com
홈페이지 www.books114.net

생각의길은 (주)도서출판 아름다운사람들의 교양 브랜드입니다.

ISBN 978-89-6513-541-8 03420

FÍSICA Y BERENJENAS: La belleza invisible del universo
By Andrés Gomberoff
© 2015, Andrés Gomberoff
© 2015, de la presente edicion en catellano para todo el mundo: Penguin Random House Grupo Editorial, S.A.
Merced 280, Piso 6 of 61, Santiago Centro, Chile
www.megusaleer.cl
All rights reserved.
Korean translation copyright © 2019 by BeautifulPeople Publishing

어느 칠레
선생님의
물리학
산책

안드레스 곰베로프 지음
김유경 옮김 | 이기진 감수

—

과학이 뭐길래

—

어쩌다가 '과학의 대중화'에 관심을 두게 되었는지는 나도 모르겠다. 물론 누군가에게는 중요하지 않은 질문이지만, 나에게는 이 일이 매우 중요하다. 물론 과학의 대중화를 위한 뾰족한 방법이 별로 없다는 것 역시 잘 알고 있다.

이상하게 들리겠지만 과학의 대중화는 우리가 보통 생각하는 과학을 가르치는 일과는 다르다. 어떤 과학자들은 그것을 쓸데없는 시간 낭비이자, 별로 중요하지 않은 부산물쯤으로 여긴다. 20세기 과학의 대중화에 앞장선 칼 세이건Carl Sagan은 저명한 천문학자로 평생 수백 건의 과학 관련 글을 발표했지만, 미국 국립과학아카데미NAS에는 들어가지도 못했다.

물리학자로 대중화에 앞장선 채드 오젤Chad Orzel에 따르면, 칼 세이건이 대중에게 가까이 다가가기 위해 쓴 글이 오히려 과학적인 개념들을 과도하게 단순화시켰다는 이유로 비난을 받았다는 것이다. 채드 오젤의 논평만으로 그 속내를 다 알 수야 없지만, 나는 누가 뭐라고 해도 칼 세이건 편이다. 만일 그의 놀라운 다큐멘터리 시리즈《코스모스》가 없었다면 우리 세대의 많은 과학자는 결코 이 과학에 접근하지 못했을 것이다. 칼 세이건은 다른 어떤 동료 과학 비평가보다 현대 과학에 훨씬 더 많은 영향을 미쳤고, 어린이와 젊은이들이 과학 관련 분야에서 뛰어난 재능을 발휘하도록 이끌었다.

과학의 대중화는 새로운 세대의 과학자를 양성하는 측면에서만 중요한 게 아니다. 우리가 낸 세금을 사회에 환원하는 방법이기도 하다. 이를 수행하는 방법의 하나는 대중이 자연스럽게 던지게 되는 우주에 대한 질문에 답하는 것이다. 비록 많은 이들이 잊고 있는 사실이지만, 과학은 단지 기술 발달만을 다루는 게 아니다. 기술은 그 활동의 중심, 즉 지식에 대한 갈증과 호기심에서 나온 부산물이다.

미국의 물리학자 리처드 파인만Richard Feynman은 여러 글과 인터뷰를 모아서《발견하는 즐거움The pleasure of finding things out》이라는 책을 냈다. 그는 칼 세이건을 거부한 미국 국립과학아카데미를 스스로 거부했다. 그는 회원 가입 거절 이유를 찾는 데만 몰두하는 조직에 들어갈 필요성을 못 느낀다고 했다. 그리고 그 책에서 "나는 아무것도 모르지만, 무엇이든 충분히 깊이 들어가면 모든 것이 흥미롭다는 것은 안다"라고 말했다. 과학 활동에서 그처럼 최고의 열정을 쏟은 과학자들은 그리 많지 않다. 그는 과학에서 가장 중요한 원동력이 바로 과학 하는 즐거움이라는 것을 분명히 했다.

만일 과학자들을 움직이는 가장 큰 원동력이 호기심이라면, 대부분의 언론에서 말하는 것처럼 기술을 과학의 대표 얼굴로 내세우는 건 참 이상한 일이다. 사실 거의 모든 과학 분야에 기술이 포함되어 있다. 종종 검은 상자 속에 과학을 숨겨 놓으면 마술처럼 그 안에서 휴대전화와 암 치료 기술, 비디오게임이 튀어나온다. 물론 이런 속임수를 밝혀야 한다고 주장하는 사람들도 많다. 이것이 바로 과학자로서 우리의 책임이다. 우리에게 과학 하는 동기를 유발하는 과학의 아름다움을 밝혀내야 한다. 이것이 우리가 실제로 하는 일이기도 하다.

아이러니하게도 과학에 대한 즐거움과 열정을 많은 사람이 함께 나누지는 못한다. 오히려 사람들은 과학을 두려워하는 것 같다. 득히 물리학과 수학에 대해서는 학창 시절에 안 좋은 기억들이 있는 것 같다. 유년 시절부터 매우 강력하게 나를 매료시킨 과학이, 왜 다른 사람에게는 그렇게 비호감과 두려움을 넘어 혐오의 대상이 되었는지 잘 모르겠다. 단지 과학을 가르치고 그것을 전달하는 방식의 문제 때문이 아닌가 짐작해볼 뿐이다. 나는 그것을 '가지 효과'라고 부른다. 즉, 대부분 사람은 가지 요리를 싫어하는데, 그것은 가지 탓이 아니다. 단지 그것을 요리하는 방법을 잘 모르거나, 어릴 때부터 먹는 습관이 안 되어 있기 때문이다.

나는 "물리학이 너무 싫어!"라는 말을 들으면, 마치 손님을 위해

정성껏 준비해서 내놓은 가지 샐러드가 식탁 위에 손도 안 댄 채로 남아 있는 것을 본 요리사가 된 기분이다. 요리사는 기쁜 마음으로 정성껏 준비한 요리가 다른 사람에게 왜 이렇게까지 무시당하는지 도무지 이유를 몰라 한다. 그래서 사람들과 이야기하고 싶어 한다. 사람들에게 편견 없이 한 번만 먹어보라고 애원하고 싶어 한다. 이 놀라운 맛을 스스로 포기하지 않길 바라면서. 사람들의 마음이 바뀐다면 얼마나 기쁠까!

과학도 가지 요리와 비슷하다. 요리사만 가지 요리의 즐거움을 느껴야 하는 게 아닌 것처럼, 과학적 발견의 즐거움도 과학자들만 느껴서는 안 된다. 보통 과학 전공을 시작하는 대학 강의실에서 과학과 첫사랑에 빠지게 되는 경우가 많다. 그렇게 지난 수 세기의 위대한 발견들을 접하면서, 이 오랜 이론들을 이해하는 정신적 과정에 반드시 창의적 태도가 필요하다는 것을 깨닫는다. 또한, 강의를 듣고 개념과 방법을 외우는 것만으로는 충분하지 않다는 것도 경험한다.

우리는 그런 경험을 다시 해야만 한다. 물론 이런 과학적 경험을 해 보지 않은 사람들에게 그런 일들이 어떻게 일어나는지 설명하기는 어렵다. 학생들의 눈이 특별히 빛날 때가 있다. 그 순간 그들의 마음이 발견의 즐거움을 맛보고 있다는 뜻이다. 그렇다면 마찬가지로 대중들도 그렇게 과학의 맛을 경험하도록 유도해야 한다.

물론 과학에 대해서 자세하게 이해하고 싶어 하지 않는 대중에게 이런 발견의 느낌을 경험하게 해주는 일은 매우 어렵다. 그러나 작은 개념들을 재발견하고 재미있는 이야기를 듣듯이 그것을 전해주도록 노력할 수는 있다. 스티븐 호킹Stephen Hawking이 쓴《짧고 쉽게 쓴 시간의 역사A briefer history of time》의 편집자는 그에게 방정식이 하나 나올 때마다 독자가 절반씩 줄어든다고 했다.

나는 각 단락을 한 번 더 읽게 해도 똑같은 결과가 나올 것이라 생각한다. 그래서 과학 대중화에서 독자들이 적어도 어느 부분, 과학적인 개념을 재발견하면서 단락을 다시 읽도록 유도하는 것이 큰 도전이다. 그것이 성공하면 독자는 호기심과 발견의 즐거움을 느끼게 될 것이다. 그러면 재미있는 이야기를 통해서도 간단하고 심오한 개념들을 전달해줄 수 있다. 이렇게 하면 과학이 아무리 싫어하는 가지 요리 같을지라도 조금은 더 먹게 될 수도 있다.

이것은 보통 미디어의 과학 저널리즘이 하는 일과는 근본적으로 다르다. 미디어에서 말하는 과학은 휴대전화처럼 감각적인 면만 만들어내는 검은 상자와 같다. 또한, 과학적 개념을 이해하는 저널리스트들이 거의 없기 때문에 제대로 전달해줄 수 있는 사람도 매우 적다. 그래서 기본적으로 과학의 대중화는 과학자들의 손에 달려 있다. 이미 전 세계 모든 과학자가 이런 인식을 같이하고 있다.

이렇게 했는데도 만약 가지 요리에 대한 즐거움을 모른다면, 그다음은 가지의 영양 가치에 대해서 말할 수도 있다. 과학은 마술 쇼에서 쓰는 검은 상자 이상의 것이다. 누군가는 그 어떤 마술사가 꿈꿔왔던 것보다 훨씬 더 많은 마술을 만들어낸다. 우리를 날게 하기도 하고, 달 표면에 서게도 하며, 우주의 나이를 알려주고,

아주 먼 거리에서도 서로 이야기할 수 있게 해준다. 게다가 보고 싶어 하는 것을 다 볼 수 있도록 훤히 들여다보이는 상자를 사용한다. 확실한 증거와 최소한 놀라지 않을 정도의 조심스러운 추론을 바탕으로 한다. 진짜 마술인 셈이다.

과학은 자연의 마술이자 그 자연을 주의 깊게 관찰할 때 경험하는 마술이다. 이 관찰은 과학자만 사용하는 강력한 도구가 아니다. 스포츠처럼 사회 전체가 모두 할 수 있는 활동이며, 특별한 전문가들의 전유물이 아니다. 게다가 이것은 몸을 움직이는 스포츠보다 훨씬 건강한 활동이다. 무엇보다도 과학은 과학자의 손에만 맡겨두기에는 너무 중차대한 문제이다.

차 례

—

감수의 글

___

이 책은 칠레의 어느 한적한 마을에 있는 물리학 선생님이 편안히 바에 앉아 와인을 마시면서 동네 사람에게 물리학에 대해 이야기하는 느낌을 준다. 듣는 사람이 지루해하면 와인 한 모금을 들이켜고, 또 듣는 사람이 잘 못 알아들으면 안주로 소시지 한 점을 먹고, 그렇게 계속 주위를 환기시키며 이야기를 이끌어 나간다. 그래서 편안하고, 위압적이지 않다.

달나라 이야기인지 별나라 이야기인지 본인의 무용담인지 이 모든 이야기가 경계도 없이 자연스럽게 물리학으로 이어진다. 책을 읽다 보면 어느새 칠레산 와인을 마시고 취하는 것만 같다. 그래서 이 물리학 책에서는 칠레의 정취가 느껴지는 모양이다. 마치 전혀 다른 이야기의 물리학처럼.

이기진(서강대학교 물리학과 교수)

01

—

맥주가 당기는 날

—

맥주가 당긴다. 지금은 오후 6시, 잔인한 열기가 산티아고를 덮쳤다. 이 더위를 식혀줄 바람 한 줄기도 불지 않는다. 이런 날 캠퍼스에서 정류장까지 걷는 건 영웅들이나 할 수 있는 일이다. 급한 마음에 자동차에 올랐는데, 땀이 비 오듯이 쏟아졌다. 과연 열이란 무엇인가? 왜 나는 땀을 흘릴까? 왜 이렇게 맥주와 바람을 간절히 원하는 걸까?

이런 질문에 대답하려면 1840년으로 거슬러 올라가 영국 맨체스터주 외각의 샐퍼드를 여행해야 한다. 내가 볼 때 이곳에는 역사상 가장 중요한 양조장이 있다. 그곳에서 최고의 제품인 강하고 짙은 색의 크림 같은 거품이 올라오는 스타우트stout와 목으로 넘어갈 때 섬세한 거품이 느껴지는 페일 에일Pale Ale을 생산하기 때문만은 아니다. 그것보다도 맥주 양조장 주인의 아들이자 관리자였던, 제임스 프레스콧 줄James Prescott Joule이 있었기 때문이다. 그는 영국의 물리학자로, 열역학 제1법칙인 에너지보존법칙의 창시자이며 전류의 발열 작용에 관한 '줄의 법칙'을 발견하였다.

그는 맥주보다 열의 성질을 찾는 데 평생을 바쳤다. 그는 양조장을 열기 전 아침 일찍, 혹은 문을 닫고 나서 밤늦게까지 정교한 실험을 통해, 지금 나를 태울 것 같은 이 열기에 숨겨진 신비에 대해 아주 깊게 파고들었다. 이 양조업자의 아들은 자연의 변화로 나타나는 현상 중 하나가 우리가 부르는 에너지라는 것을 증명했다.

열에서 땀까지

열의 움직임을 관찰할 때, 가장 먼저 머릿속에 떠오르는 이미지는 바로 유동성이다. 물이 높은 곳에서 낮은 곳으로 흐르는 것처럼, 열은 뜨거운 곳에서 차가운 곳으로 흐르는 비물질이다. 그래서 찌는 듯한 낮에는 열이 나는 몸을 식히기 위해 수영장에 뛰어들고 싶어지는 거다.

열을 에너지가 아닌 일종의 물질로 이해한 '열소 이론'은 18세기에는 불멸의 이론으로 보였다. 즉, 당시 사람들은 만일 몸 안에서 열이 줄면 열소가 다른 곳으로 옮겨졌기 때문이라고 생각했다.

어떤 물체가 가진 열소의 양은 칼로리로 측정할 수 있다. 예를 들어 1칼로리는 물 1그램의 온도를 1도 올리는 데 필요한 열량이다.

그러나 그 이론만으로는 완벽히 설명할 수 없는 이상한 현상들도 있다. 손을 문지르면 왜 따뜻해질까? 이 경우 열이 저절로 생기지 않는다면, 열소는 어디에서 온 걸까? 따라서 물체는 '잠재' 열이 있고, 그것을 태우면 그 열이 방출된다. 하지만 마찰로 생성된 열은 마치 마르지 않는 샘처럼 보여서 더 문제가 되었다. 우리가 원할 때 언제든지 손만 문지르면 열을 만들어낼 수 있기 때문이다.

그렇다면 열은 정확히 어디에서 오는 걸까? 제임스 프레스콧 줄이 살던 당시 열을 다룬 최고의 책은 제목도 특별한《열의 동력에 관한 고찰Réflexions sur lapuissance motrice du feu》이었다. 저자는 젊은 공병이었던 사디 카르노Sadi Carnot였는데, 그는 나폴레옹 황제 시절 내무부 장관 및 전쟁부 장관을 지냈고, 그 시대 프랑스의 가장 위대한 사상가 중 한 명인 라자르 카르노Lazare Carnot의 아들이었다. 오늘날 우리는 제임스 프레스콧 줄 덕분에 이 열이 불멸의 유체가 아니라는 걸 알고 있다. 그러나 그렇게 열이 마르지 않는 샘이라고 생각했던 것도 열기관 설계에는 도움이 되었다. 카르노는 증기기관의 효율 향상이라는 정확한 목표를 세우고 직업 훈련을 받았다. 이를 위해 그는 이상적인 엔진에 관한 열 이론을 만들었다. 또한 그는 수학적 논증을 통해 자신의 증기기관이 열기관 중에서 최대의 효율을 끌어낼 수 있음을 증명했다.

카르노는 꿈의 맥주를 탄생시키는 맥아를 분쇄하는 데 사용하는 물레방아와 비슷한 엔진을 상상했다. 열은 보일러의 고온에서 라디에이터의 저온으로 흘러가고, 이런 열의 흐름 중간에는 이 힘으로 움직이는 물레방아 바퀴가 있다. 그 당시에는 만족할 만한 열 이론이 없었고, 열 개념에 오류도 있었지만, 청년 카르노는 사용 연료의 종류 또는 메커니즘과 관계없이, 엔진 작동의 기본 요소를 추적하는 미래의 열역학 이론에 대한 충분한 자료를 수집했다.

이것은 인간의 지적知的 역사에서 가장 특이한 종합적인 운동 중 하나이다. 예를 들어, 증기기관의 경우 물레방아 바퀴의 기능은 피스톤이나 터빈 기관이 맡는다. 앞으로의 기술 발전 정도에 상관없이 우리가 설계하는 기관은 카르노가 상상한 기관보다 열 효율이 높을 수가 없을 것이다. 여기에는 해결해야 할 의문점이 많지만, 이 프랑스인이 이끄는 이 열소 이론은 그 시대 모든 과학 분야를 정복했다.

나는 줄의 페일 에일 맥주를 마시러 갈 수 없기에, 뉴뇨아(칠레 산티아고의 마을) 양조장에서 이 지역 맥주를 마시면서 이야기를 마친다. 그래도 이 열기를 식혀줄 선풍기가 있어서 그나마 다행이다. 나는 유리컵 바닥에서 거품이 멈출 때까지 완벽한 선으로 부풀어 오르는 모양을 지켜본다. 이것은 발효 과정에서 맥아당으로 얻어지는 맥즙과 효모가 합쳐지면서 알코올이 함께 생성되는 공 모양의 이산화탄소이다.

스코틀랜드의 화학자이자 물리학자인 조지프 블랙Joseph Black 이 처음으로 이산화탄소에 대해 체계적으로 연구했다. 그는 그것을 '고정 공기fixed air'라고 불렀다. 또한, 그는 물이 수증기로 변하기 위해서는 일정 열량을 흡수해야 한다는 것도 증명했다. 액체가 기체 상태가 되면, 이상하게도 열을 가해도 온도가 올라가지 않고 일정하게 유지된다. 한편, 흡수된 열(잠열)은 액체로부터 기화되어 증기 상태로 공기 중에 방출된다.

이 관찰을 통해 더운 날에 경험하는 몇 가지 초월적 현상을 설명할 수 있다. 가까운 예로 땀은 체온을 유지하기 위해 필요하다. 땀이 증발할 때 열이 필요하고, 우리 몸이 열을 뺏기면 체온이 낮아진다. 사우나에 가보면 이 원리를 제대로 느끼게 될 것이다. 사우나에서는 온도가 100도가 되어도 오랫동안 머물 수 있다. 그러나 같은 온도의 끓는 물이 있는 수영장에서는 도저히 수영할 수가 없다. 왜냐하면, 물속에서는 땀이 증발하지 못하기 때문이다(게다가 물은 공기보다 훨씬 더 열을 잘 전달한다). 이런 원리로 우리는 더울 때 땀을 흘리고, 수분이 빠져나가기 때문에 목이 마르다.

제임스 줄의 집착

제임스 프레스콧 줄은 전통적인 대학 교육을 받지 않았다. 그는 부유한 가정에서 편안하게 자랐고 과학을 취미 생활로 삼을 만큼 돈도 많았다. 그래서 일보다 과학 연구로 더 많은 시간을 보냈다. 그렇다고 학교 교육을 무시한 건 아니었다. 그의 아버지는 맨체스터에서 가장 뛰어난 교사들을 고용해서 그에게 개인 교습을 시켰다. 심지어 그는 화학적 원자 이론의 창시자 중 한 명인 존 돌턴John Dalton에게 수학 수업도 받았다(그가 색맹이어서 색맹을 돌터니즘 Daltonism이라고 부른다).

줄은 열이 에너지의 형태라서 열을 역학적 일로 바꿀 수 있고, 그 반대로 역학적 일을 열로 바꿀 수도 있다는 생각에 몰두했다. 못질할 때 운동에너지 일부가 못의 온도를 높이는 열에너지로 바뀐다. 브레이크 걸 때 생기는 마찰로 바퀴 일부의 온도도 올라간다. 이렇게 운동은 열로 바뀔 수 있다. 또한, 그 반대도 가능해서 열이 운동을 일으킬 수도 있다. 증기기관의 보일러에서 생성된 열은 기차를 움직이게 한다.

그는 이런 개념들을 재확인하기 위해, 매우 신중한 일련의 실험을 고안했고, 이것을 통해 다른 형태의 에너지를 어떻게 열로 바꿀 수 있는지를 증명했다. 그중 가장 유명한 것이 바로 도르래에 무거운 추를 달고 물통 안에 있는 물갈퀴에 연결해서, 추를 떨어뜨릴 때마다 물갈퀴가 움직이도록 한 실험이다. 그는 작은 마찰로 온도가 올라가는 것을 발견하기 위해 물갈퀴가 움직이기 전후의 물 온도를 쟀다. 그 결과 추의 위치 에너지가 열로 바뀌었다. 하지만 줄이 측정할 수 있었던 온도 차이는 너무 미미해서, 과학자들은 그 실험에 매우 회의적이었다.

그는 맥주 양조장에서의 경험 덕분에 당시 가장 정확한 정밀온도계를 만들 수 있었다. 그는 그 온도계 중 하나를 신혼여행에도 가져갈 정도로 그 일에 집착했다. 신혼여행 장소에도 폭포가 있었다. 그는 폭포에서 떨어지기 전후의 물 온도를 재기 위해 오랫동안 그곳에 머물렀다. 떨어질 때 생기는 에너지를 최대한 많이 받기 위해, 최대한 아래에 있어야 했다. 그는 옳았지만, 그가 가지고 있던 그 어떤 좋은 온도계로도 그 차이를 잴 수는 없었다. 과연 그의 아내는 이에 대해서 당시에 무슨 생각을 했을까?

줄은 작은 물갈퀴로 물에 마찰을 가해 온도를 높일 수 있었다. 그렇다면 여기 술집의 천장 선풍기가 내 앞에서 돌아갈 때 느끼는 이 상쾌함은 어떻게 설명하면 좋을까? 이것이 줄의 물갈퀴처럼 혹시 이 방 안의 공기 온도를 높이지는 않을까? 맞다. 바로 정확하게 그런 일이 벌어진다!

그러나 이 선풍기는 이곳 공기를 데우지만, 그 변화는 감지할 수 없을 정도로 아주 작다. 그것보다 더 중요한 것은 그것이 만들어내는 공기의 흐름 덕분에 땀의 증발이 촉진되고, 덕분에 이전보다 더 효율적인 자연 냉각이 가능하다는 점이다. 그리고 그 바람은 이마 위에 생겨 땀의 증발을 방해했던 습한 공기층을 끌고 간다. 이 현상을 제대로 확인하려면 피부에 알코올을 묻혀보자. 알코올은 물보다 더 빨리 증발하기 때문에 상쾌한 느낌을 더 분명하게 느낄 수 있다. 이번에는 그 부분을 입으로 불어보자. 훨씬 더 시원하지 않은가?

에너지 보존

―

줄이 열과 에너지가 같다는 걸 증명한 것과 비슷한 시기에, 또 다른 독일의 아마추어 물리학자이자 의사인 율리우스 마이어Julius

Robert von Mayer도 같은 결론을 내렸다. 하지만 그는 줄이 열과 에너지의 등가를 증명한 그 실험을 할 수 있는 비용이 없었다. 그는 그 외 다른 뭔가를 더 했고, 오늘날까지 물리학의 기초 원리 중 하나인 에너지 보존 법칙을 제안한 최초의 인물 중 한 명이 되었다.

덕분에 카르노의 이론을 다른 방법으로 재해석할 수 있게 되었다. 열은 사라질 수 없는 불멸의 흐름이 아니고, 보일러에서 라디에이터로 흐를 때 변할 수 있다. 실제로 보일러에서 생성된 열의 일부가 운동으로 바뀌고, 또 일부는 계속해서 라디에이터 쪽으로 간다. 또한, 열은 다른 형태의 에너지로 변한다. 하지만 전체 에너지의 양은 보존된다. 이것이 바로 '열역학 제1법칙(에너지 보존의 법칙)'이다.

마이어는 인도양 근처의 자바 섬을 항해하다가 영감을 얻었다. 19세기 의학은 과학적이지 않아서 주로 사혈을 했는데, 환자들에게 상처를 입혀 피를 뽑아내는 것이 가장 일반적인 치료법 중 하나였다. 그는 환자의 정맥혈(산소의 부족으로 더 검붉은 색을 띤 혈액)이 북부의 추운 기후보다 열대 기후에서 훨씬 더 붉다는 사실을 관찰했다. 따라서 그는 외부 온도가 높을 때는 체온을 37도로 유지하기 위한 산소 소비량이 적고, 그렇게 되면 정맥혈에 산소량이 충분해서 붉은색을 유지할 수 있다고 추론했다. 또한, 그는 산소가 적게 필요하다는 것은 음식에서 나오는 에너지 소비가 줄었다는 것을 의미한다고 생각했고, 체온이 물질의 신진대사에 기인한다는 사실을 감지했다. 줄과 마찬가지로 그는 열이 에너지의 한 형태라고 확신했다.

줄은 1889년 10월, 맨체스터의 브룩랜즈에 묻혔다. 그의 묘비에는 772.55라고 쓰여 있는데, 이것은 이 과학자를 기억하는 가장 좋은 방법이다. 이는 해수면에서 1파운드의 물을 화씨온도 1도 높이는 데 필요한 에너지가 772.55파운드의 무게를 1피트 들어 올리는 데 필요한 에너지와 같다는 뜻이다. 오늘날의 단위로 환산하면, 1L의 물을 섭씨 1도 높이는 데 필요한 에너지는 500kg의 물건을 1m 높이로 들어 올리는 데 필요한 에너지와 같다는 말이다. 이렇게 열과 에너지 사이의 등가가 이루어진다.

하지만 그 에너지는 어디에 있을까? 나중에 8장 '우리가 잃어버린 모든 것'에서 더 자세히 설명하겠지만, 여기서 잠깐 미리 보자. 맥주를 아주 작은 크기를 수십억 배로 확대해 보자. 우리는 가장 먼저 원자들이나 다양한 분자들의 거대한 집합인 물을 보게 될 것이다. 어떻게 그것들이 사방으로 빠르게 움직이는지, 서로 어떻게 충돌하며, 작은 팽이들처럼 돌고 흔들리는지 보일 것이다.

열에너지는 곧 생생한 분자 교란이다. 에너지가 클수록 교란이 많이 일어난다. 나는 내가 마시는 맥주 분자들의 교란이 어떻게 조금씩 증가할지 생각해 본다. 나는 더 더워지기 전에 맥주를 꿀꺽꿀꺽 마신다. 그리고 이 술집의 지배인을 쳐다본다. 대머리에 건장한 체격, 턱수염이 나 있다. 나는 그를 줄이라고 상상해본다. 만일 그러면, 나는 그에게 무슨 말을 하고 싶을까. 순간 우리의 눈이 마주쳤다. 나는 생맥주잔을 든다. 미스터 줄을 위하여!

02

—

과학과 순수 부조리 비판

—

오늘은 예상치 못한 추위에도 불구하고 기분 좋은 하루였다. 아침 신문에서 별자리 운세를 보니 내 운명에 달이 들어왔다고 했고, 이게 무슨 뜻인지 모르지만 뭔가 좋은 일이 일어날 것만 같았다. 그리고 별자리 운세 바로 옆에 나온 일기 예보에 기온은 15~28도 이고 햇빛이 난다고 해서 외투도 걸치지 않고 외출했다.

　일기 예보가 별자리 운세와 같은 면에 있다는 게 뭔가 좀 어색 하다는 생각이 들었다. 일기 예보는 탁월한 진짜 과학이지만, 별 자리 운세는 엘리트 사상가들이 경멸하는 사이비 과학이기 때문 이다. 이런 중요한 아침 시간, 이 두 가지 예보는 마치 똑같은 인 간 지적 활동의 산물인 것처럼 놀랍도록 평온하게 공존하고 있다.

과연 정말 그럴까? 당연히 절대 아니다! 물론 일기 예보가 완벽하게 맞지는 않지만, 이것 또한 과학의 본질적 특성이다.

반대로 점성술은 그저 우연의 게임일 뿐이다. 좋은 패를 뽑을 때만 우리를 즐겁게 해줄 수 있는 제비뽑기 같은 게임이다. 그리고 감히 말하지만, 아무리 찾아봐도 사이비 과학에서 나온 것은 아무 도움이 안 될 가능성이 크다. 또한, 바흐의 꽃들Bach flower●이나 동종요법●●과 같은 사회적 계보를 잇는 사람들도 마찬가지이다.

어쩌면 이것이 제한된 전문 영역의 한계를 넘지 않는 과학자의 전형적인 오만처럼 보일 수도 있다. 어쨌든 어떤 젊은 여성이 한 지역 행사에서 "당신은 전통 과학을 믿고 과학적 방법으로 일하지만, 나는 대체의학을 믿는다"라고 말한 것처럼, 사람들은 자기가 원하는 것을 믿는다.

물론 자유 사회에서는 자기가 원하는 것을 생각하고 믿을 수 있다. 그러나 이것은 그것들의 가치가 동등해서가 아니다. 과학에는 훌륭한 아이디어를 경솔하거나 어리석은 아이디어와 구별하는 알맞은 척도가 있다. 과학자들은 실험과 내적 논리의 평가를 통해 이것을 구별한다. 아이디어는 창의성의 결실이고 논리적 결함이 없이 받아들여져야 하지만, 우선 정밀한 조사 과정을 통과해야 한다. 이것을 우리는 과학적 방법이라고 부른다.

예를 들어서, 아보카도를 짓이겨서 그 위에 씨앗을 올려놓으면

● 영국의 의사. 에드워드 바흐가 개발한 38가지 꽃 치료제들은 자연요법사들과 기타 전인치유의학 요법사들에 의해서 널리 사용되었다.
●● 인체에 질병과 비슷한 증상을 유발해 치료하는 사이비 과학이자 대체의학의 일종

갈변되지 않을 거라는 소문을 누군가는 믿을 수 있다. 그러나 이 경우에는 쉽게 검증해 볼 수 있다. 우선 짓이겨놓은 아보카도 4개를 준비한다. 그리고 그 위에 하나는 씨앗을 올려놓고, 또 다른 곳은 포일로 덮고, 또 다른 곳에는 레몬즙을 뿌리고, 마지막 위에는 유에스비USB 같은 아무 물건이나 올려둔다. 그러면 포일을 덮거나 레몬즙을 뿌린 아보카도는 산성화가 늦춰지는 것을 확인할 수 있다. 하지만 씨앗이나 유에스비를 올려둔 아보카도의 상태는 비슷한 속도로 갈변이 진행될 것이다. 그러니까 직접 눈으로 상태를 확인할 수 있다.

이 실험은 옆집 사람이 해도, 밀라노에 사는 사람이 해도 똑같을 것이다. 그렇다면 이 소문을 계속 믿어야 할까? 당연히 아니다. 계속 믿는 것은 고집이자 헛수고일 뿐이다.

이제 생각에 대한 내적 논리와 연관된 예를 한번 들어보자. 어떤 화장품 회사에서 달팽이 점액 성분이 함유된 크림을 팔려고 했다. 그들은 달팽이 점액질에 등껍질이 깨졌을 때 회복시켜주는 성분이 있는데, 그것이 우리 피부도 재생시킨다고 주장했다. 이 제품에 대한 찬반 증거는 없지만, 기본적으로 이 논리의 내적 일관성은 매우 부족하다. 이는 벽에 시멘트를 바르면 튼튼해진다고 치아에도 시멘트를 바르라는 꼴이다.

과학은 아무것도 증명하지 않는다. 그저 단순히 증거들을 모으고 그것들을 바탕으로 이론을 정립할 뿐이다. 과학 지식은 절대 '진리'가 아니다. 옛날 이론들은 시간이 지나면 현실을 더 잘 반영하는 또 다른 이론에 밀려나거나 수정된다. 그래서 누군가 고대 과학을 들먹이면서 사이비 과학을 지지한다면, 나는 당연히 믿지 않는다.

고대 과학이 별로라는 것은 수천 년 전 유아 사망률만 봐도 충분히 알 수 있다. 이론들은 시간과 새로운 기술이 우리에게 준 증거를 반영하며 발전해야 한다. 미국의 위대한 물리학자 리처드 파인만은 "과학은 가능과 불가능을 증명하는 것이 아니라, 어떤 것이 더 가능성이 큰지를 확인하는 것"이라고 말했다. 예를 들어, 그는 미확인 비행물체의 존재에 대해서 이렇게 말했다. "내 주변 세계의 지식에 따르면, 비행접시와 관련한 보고는 알려지지 않은 외계 지식에 대한 이성적 노력이라기보다는, 잘 알려진 지상 지식에 대한 비이성적 노력의 결과일 가능성이 훨씬 높다."

대조 실험들로는 어떤 사이비 과학도 그 효능을 증명할 수 없기 때문에 그 가치는 사실과 더 멀어 보인다. 사실상, 이 과정에서 일부 긍정적 증거는 즉시 과학으로 통합된다. 멀리 갈 필요 없이, 아스피린을 예로 들어보자. 아스피린의 주성분은 버드나무 껍질 추출 물질인데, 그것은 18세기 현대 과학에서 만들고 합성하기 전에, 고대 다양한 의학에서도 고통을 완화하는 데 사용되었다.

건강 분야에서 대체의학은 사회적 신뢰를 얻기 위해 과학적인 설명을 하기도 한다. 의사가 환자에게 제공하는 모든 물질이 초기 고통을 낮추는 작용을 한다고 알려져 있다. 이것이 정말 효과적인 약이든 아니면 설탕이 든 캡슐이든 그건 중요하지 않다. 정신건강과 관련된 질병일 때 그 결과는 더 놀라웠다. 이것을 바로 플라세보 효과placebo effect라고 하는데, 의사가 효과 없는 가짜 약, 혹은 꾸

며낸 치료법을 제안하더라도 병이 호전되는 좋은 결과를 얻었고 환자의 신뢰감도 상승했다.

대체의학은 이런 효과를 거의 전적으로 믿는다. 하지만 플라세보 효과는 건강 전문가들 사이에서는 별로 윤리적이지 못한 행동으로 여겨진다. 따라서 그것은 경솔하고 신중하지 못한 사람들만 사용하는 전유물이 되었다.

안타깝게도 사이비 과학은 더는 소수만의 활동이 아니다. 오늘날 대체의학 사업으로 매년 약 400억 달러가 움직이고 있다. 이것을 믿지 못하게 막는 수많은 기술의 홍수 속에 살고 있지만, 여전히 많은 사람들이 그것을 믿고 싶어 하는 것 같다. 이것을 근거 없이 믿는 욕구가 위험한 까닭은 우리가 정치 등 여러 분야에서 비판적인 시각을 갖는 것을 방해하기 때문이다.

과학적 방법은 선택 사항이 아니다. 그것이 바로 인간적 방법이다. 그것은 생선을 살 때도 하는 일이다. 만일 생선에서 썩은 냄새가 나서 안 사고 싶으면, 판매자가 아무리 그것에 대해 좋은 이야기를 해도 소용없다. 과학은 이상적으로, 편견이 없는 인간 활동 중 가장 민주적이고 세계화된 활동이다. 또한, 객관성이나 전문성이 부족하면 바로 응징을 당하는 활동이기도 하다.

아무튼, 그날 내 운세는 아주 좋았다. 특히 건강 부분은 더 잘 맞았다. 그래서 그날 기분이 정말 좋았다. 그러나 세계 통계에 따르면, 그날 1만 2,000명 이상이 사망했는데, 그들 중에는 나처럼 건강 운세가 좋았던 사람도 분명 있었을 것이다.

03

—

우주는 무슨 맛일까?

—

그 여자는 따분한 사람이었다. 나는 참치 타르타르와 굴, 물냉이 샐러드, 피노 누아르(포도의 재배 품종이다. 피노 누아르 포도로 만든 와인 자체를 가리키기도 한다) 와인 한 잔을 뚫어지게 쳐다보고 있었다. 그녀는 지루한 말을 했고 나는 그냥 듣는 척했다. 그러자 그녀는 내게 음식을 한 입 권했다. 그동안 교양 있는 척하며 앉아 있던 나의 미식 탐험이 시작되는 순간이었다. 작지만 깨끗하고 단단한 굴과 새빨갛게 반질거리는 참치, 그리고 그 와인에서는 어느 것과도 비교할 수 없는 절묘한 향이 퍼져 나오고 있었다. 그녀가 계속 말을 했지만, 나에겐 음식 언어가 더 매력적이고 감동적이었다. 그 속에는 영감을 받은 요리사가 조심스럽게 준비한 맛과 향기, 색, 식감만 있는 게 아니었다. 단순히 내 허기를 채워주는 안정제도 아니었다. 거기에는 우주의 모든 이야기가 담겨 있었다. 140억 년의 우주 진화가 그곳에 찍혀 있었다.

모든 것은 빅뱅, 즉 고밀도의 뜨거운 우주가 거대한 대폭발을 일으키면서 시작했다. 첫 장에서 보았듯이 온도는 운동의 동의어이다. 그리고 최초의 우주는 초고속으로 움직이며 서로 격렬하게 부딪히는 원소 입자들로 이루어진 아주 뜨거운 수프였다. 원시시대의 격렬한 반응 때문에 안정적인 모양으로 만들어질 수 없었다. 그러나 우주가 팽창하고 점점 식으면서 더 복잡한 구조가 만들어지기 시작했다.

따라서 대폭발 이후 첫 1만 분의 1초가 지났을 때, 우주 온도가 충분히 내려가자 쿼크quark●들이 응집되어 양성자와 중성자, 즉 원자핵의 가장 기본 구성 요소를 형성했다. 그리고 이 짭짤한 굴과 잘 어울리는 피노 누아르 레드 와인의 신맛을 제공하는 것이 바로 양성자이다. 이 양성자는 양전하를 띠는 입자로 자연에서 가장 가볍고 풍부한 원자인 수소의 핵을 구성한다. 그러나 온도를 충분히 낮춰서 원자핵이 전자를 끌어들이고 원자를 형성하는 데는 우주 진화의 30만 년이 걸렸다.

우주가 두 번째 삶의 단계(초기 우주)를 마무리하기도 전에 이미 피노 누아르 와인의 우월한 풍미가 완성되었다. 화학적으로 산도acidity는 용액 속에 들어있는 양성자—또는 화학자들이 말하는 대

● 양성자나 중성자를 소립자로 강력(Strong force)에 의해 지배를 받는 입자

로 하면 수소 이온—의 양을 측정한 것이다. 이 맛있는 이온으로 생기는 화합물, 이 경우는 주로 타르타르산*은 초기 원시 우주에서는 생성될 수 없었다. 이를 위해 수십억 년을 기다려야 했고, 이로 인해 우주 모험에 속도가 붙었다.

와인의 향기

—

그 따분한 여자가 잔을 들었다. 나는 마침내 피노 누아르 향기의 부름에 답할 수 있었다. 좋은 와인은 향기를 모아놓은 선집이다. 와인의 향기는 원래 과일 자체의 향도 있지만, 대부분은 양조 과정에서 만들어진다. 향기는 작고 가벼운 분자에서 나오는데 액체 표면에서 쉽게 빠져나오고 공기를 타고 우리 코로 들어온다. 화학자들은 이것을 '휘발성 유기 화합물'이라고 부르고, 이것들은 주로 수소와 산소, 탄소, 질소 원자들의 다양한 구조로 되어있다.

와인은 400개 이상의 분자로 이루어지기 때문에 수많은 향기가 난다. 과일과 꽃, 심지어는 연기나 가죽 같기도 한 수많은 향이 난다. 그래서 와인의 향은 아주 인상적이다. 우리가 와인을 마실 때 맛있다고 느끼는 것은 실제로는 향기 때문이다. 후각 시스템은 구강의 냄새를 감지한다. 그래서 우리가 감기에 걸려 코가 막히면, 맛을 감지하는 능력도 줄어든다.

---

* 식물계 전반에 함유된 산성 물질로 특히 포도에 많이 들어 있는 무취의 신맛

안타깝게도 초기 우주에는 우리 와인 잔을 향기롭게 해주는 데 필요한 원자들이 없었다.

활기 없는 원소들

—

우주는 계속 팽창하고 냉각되었다. 그리고 우주가 생성되고 3분이 채 되기도 전에 이미 수소의 원자핵 또는 양성자가 만들어졌다. 더불어 많은 헬륨과 그 외 적은 양의 리튬 및 베릴륨의 원자핵도 형성되었다.

양성자는 서로 전기적으로 반발하지만 때로는 고속으로 움직이기 때문에 충분히 가까워질 수 있고, 그 결과 끌어당기는 핵력이 작용한다. 만일 이런 일이 벌어져서 서로 붙게 되면 더 큰 핵이 형성되고, 수소 원자가 서로 결합하면 헬륨이 된다. 가벼운 원자핵을 결합해 무거운 원자핵을 만드는 것이 바로 핵융합이다. 헬륨이 가장 일반적인데, 그 핵 안에는 양성자 2개와 중성자 2개가 들어 있다. 중성자는 양성자와 비슷한 입자지만, 전하를 띠지 않고 엄청난 핵력을 지닌다.

헬륨은 어디서나 지루하고 활기 없는 원소이다. 왜냐하면 늘 단단한 전자 층의 보호를 받고 다른 원소와 전혀 반응하지 않기 때문이다. 또한, 미각으로도 감지되지 않는다. 마치 따분한 그녀와 살짝 비슷하다. 때마침 그녀는 기분이 별로였는지 일어나 화장실 쪽으로 갔다.

양성자 3개와 몇몇 중성자가 있으면, 리튬(중성자의 수는 달라질 수 있지만, 원소의 이름은 양성자에 달려 있다)을 얻게 된다. 리튬으로 하는 요리 방법은 잘 모르지만, 많은 사람들이 정신질환을 완화하기 위해 엄청난 양의 리튬을 섭취한다. 또한, 베릴륨이 양성자 4개와 몇몇 중성자들이 융합할 때 이루어진다는 건 알아도, 그것의 요리법은 잘 모른다.

이렇게 보면 초기 우주는 미식적인 관점에서는 별로 흥미롭지 않다. 단지 신맛과 정신질환 치료제 정도만 있었을 테니까. 첫 번째 별이 탄생하고 우주의 위대한 연금술사가 탄생하고 요리 역사의 황금기를 열기까지는 몇십 억 년 이상이 지나야 했다.

별들과 고급 요리

베릴륨이 형성될 즈음, 우주는 이미 매우 차가웠다. 원자핵들은 더 무거운 원소들이 서로 융합하는 것을 허락이라도 하듯 매우 천천히 움직였다. 전기 반발력도 향상됐다. 그러나 자연계는 좀 더 효율적으로 화학적 복잡성을 이루는 또 다른 방법을 준비했다. 수십만 년 후, 큰 질량의 원소 가스(주로 수소 원자)가 중력 덕분에 서로 가까워지기 시작했다. 그 가스 밀도가 특정 영역에 집중되기 시작하면서 그곳에 더 많은 물질을 모으는 거대한 중력 인력gravitational attraction도 증가했다. 그렇게 조금씩 첫 번째 별들이 탄생했다. 거대한 수소 공hydrogen ball은 자기 무게 때문에 내부에서 떨어지고 붕괴하길 원했을 것이다. 그러나 핵융합은 다시 이 이야기의 주인공이 된다. 별의 중심에 있는 원자들은 고압과 고온을 받기 때문에 원자핵들이 융합해 헬륨을 생성하기 시작한다.

이 융합 과정에서는 에너지가 방출되는데(수소폭탄은 이것을 가장 슬프게 증명하는 예이다), 이것이 기체를 가열하고 별의 붕괴를 막는 압력을 생성한다. 온도로 기체 압력이 증가한다는 건 다 아는 사실이지만, 전자레인지에 날달걀을 넣고 어떻게 압력이 껍질을 깨뜨리는지 관찰해 보면 직접 경험할 수 있다. 온도가 상승하면 압력이 높아져 달걀 내 분자들을 동요시키기 때문이다. 분자들은 온도가 올라갈수록 달걀 내벽을 더 세게 친다. 따라서 보통 별의 압력은 물질을 안에서 밖으로 밀어내고, 중력은 밖에서 안으로 밀면서 맞서고 있다고 할 수 있다. 이 힘이 서로 상쇄되면서 태양처럼 안정되고 빛나는 별이 된다.

그러나 모든 연료엔 끝이 있다. 별의 중심부에 수소가 없어지면, 주요 열에너지 공급자가 사라지게 된다. 그러면 중력 작용으로 별이 수축하며 스스로 소멸한다. 우리는 그것을 중력 붕괴gravitational collapse라고 부른다. 하지만 이런 붕괴로 인해 그곳에 남아 있는 헬륨 원자들이 가열되고 압축된다. 그리고 그 온도가 충분해지면 다시 헬륨 핵융합 반응이 시작되고, 별을 다시 안정시키는 데 필요한 에너지를 방출한다. 이런 새로운 융합의 부산물로 엄청난 양의 탄소와 산소가 형성된다.

별의 융합과 수축 과정은 마지막으로는 철Fe까지 모든 주기율표 원소들이 합성될 때까지 계속되는데, 가장 유독한 원소인 철이 나오면 그 별의 죽음이 임박했다는 뜻이다. 다행히도 빅뱅 이후 수십억 년이 지난 지금 이미 우리는 별 내부의 모든 화학 원소를 거의 다 갖게 되었다.

왜 물냉이는 초록색이지?

음식에 들어 있는 분자 대부분은 유기물이다. 즉, 일반적으로 동물이나 식물인 생물체에서 발견하는 것이다. 그것들의 주요 원자 구성 요소는 방향족화합물●과 마찬가지로 탄소와 산소, 수소이며 이것은 이미 별들이 우리에게 아주 많이 준 원소들이다. 원시의 레고 조각처럼, 40억 년 이상의 다윈Charles Robert Darwin의 지구 진화 기간에 그들은 아주 다양하고 맛있는 분자들을 만들어냈다.

예를 들어, 피노 누아르의 그윽한 보랏빛은 안토시아닌이라는 색소로, 산소와 탄소, 수소로 이루어져 있다. 이런 화합물은 대부분 채소의 빨간색과 보라색, 파란색을 책임지고 양배추와 아스파라거스, 사과 색깔의 아름다움을 만든다. 또한, 와인에 들어 있는 물과 알코올 성분이기도 하다. 그리고 아직 탁자로 돌아오지 않는 지루한 그녀와 먹은 대부분의 음식 성분이기도 하다.

물론 내 앞에 있는 샐러드와 참치 타르타르를 만들려면 뭔가가 더 필요하다. 맛있는 참치 속 단백질에는 질소가 들어 있다. 이것

● 유사한 분자의 결합으로 이루어진 화합물

036

은 철보다 가벼워서 별들이 쉽게 만들어낸다. 또한, 별들은 물냉이 샐러드의 아름다운 초록색을 만드는 기본 원소인 마그네슘도 제공한다. 마그네슘은 엽록소 분자의 핵심 원소이고 자연을 물들이는 초록색 색소이기도 하다. 녹색 강낭콩을 요리하다 보면 색이 변하는 것을 볼 수 있다. 이것은 별이 만들어낸 마그네슘이 냄비에 들어갔다가 빅뱅으로 만들어진 수소 원자와 자리가 바뀌었기 때문이다. 부디, 야채는 너무 많이 익히지 말기를!

참치의 철과 굴의 아연

가벼운 원자핵의 융합은 별들에게 에너지를 주고, 이 세상이 만든 것 중 가장 무거운 원자핵들을 합성한다. 그러나 새로운 원자핵이 너무 무거워지면, 많은 양성자를 포함하고 전기 반발력이 높아지기 시작한다. 그때 새로운 융합은 더는 에너지를 전달하지 않고 소비하게 된다. 이미 연료가 없는 별은 빨리 냉각 과정을 시작한다. 더 이상 융합 에너지를 얻을 수 없는 원자인 철Fe을 만들기 시작할 때 이런 일이 발생한다. 이때의 별은 연료 없이 머물러 있다. 이것은 곧 죽음이 임박했다는 뜻이다.

그러나 이렇게 별을 위협하는 것이 지금 내게는 기쁨이다. 죽어가는 별의 핵에서 만들어진 철이 참치를 비롯한 모든 붉은 살 생선의 색을 좌우하기 때문이다. 이것은 미오글로빈 단백질의 중요한 특징이다. 또한 이것은 근육 속에 산소를 저장하고 참치 타르타르에 아름다운 붉은색을 선사하는데, 물냉이의 초록색과는 매우 대조적이다.

철을 합성하고 더 이상 연료가 없는 별은 중력 때문에 붕괴하기 시작한다. 이 붕괴는 엄청난 에너지를 방출하면서 거대한 폭발로 이어진다. 여기에 바로 초신성이 있다. 별의 바깥층은 우주의 모든 식솔들이 사용하도록 최근에 구워진 원자들을 제공하면서 별과 별 사이로 격렬하게 방출된다. 한편, 별의 핵은 블랙홀 또는 중성자별의 특성에 따라 계속 붕괴할 것이다.

그러나 속지 말아야 한다. 초신성도 요리 축제를 돕는다. 예를 들어, 내 식탁에 있는 굴 요리 속에는 구리와 아연이 풍부하다. 폭발하는 동안 있었던 거대한 에너지가 자연 속에서 발견하는 나머지 원소들을 만들어 주었다. 이제는 확실히 돌아오지 않을 지루한 그녀의 빛나고 아름다운 금반지에도 이것들은 들어 있다. 그녀가 칼리에서 보낸 멋진 어린 시절 이야기와 손 움직임, 그 행복한 미소를 떠올려 보니, 그녀가 떠나버린 이유를 알 것 같았다. 지금 분명한 건 이 모든 것이 끝난 후, 지금 여기에는 지루해하는 내가 있다는 사실.

04

—

소수prime number의 기쁨

—

숫자는 사람과 같다. 숫자는 저마다의 특징, 성격, 매력과 비밀들이 있다. 많은 사람이 숫자에 집착하고 그것을 자식이나 애인 다루듯이 한다. 그러나 숫자에 특별한 매력을 느끼지 못하는 사람들도 자신의 취향에 따라 숫자를 차별한다. 결혼 25주년과 50주년, 또는 독립 200주년이나 트위터 팔로워 1,000명 돌파를 기념한다.

하지만 어떤 이들은 이 숫자를 마치 댄 브라운의 소설이나 스파이스 걸스 음반처럼 특별하게 생각하는 것은 불공평하다고 생각한다. 수학자들은 더 정교한 아름다움으로 숫자를 지킬 것이다. 가장 유명한 예는 영국의 수학자 고드프리 하디Godfrey H. Hardy의 일화이다. 그는 택시를 타고 친구이자 동료인 스리니바사 라마누잔

Srinivasa Ramanujan의 병문안을 하러 가고 있었다. 20세기 위대한 천재 수학자 중 한 명인 스리니바사는 당시 병을 앓고 있었다. 하디는 그에게 자신이 타고 온 택시 숫자가 1729번인데 아주 따분한 숫자라 나쁜 징조가 아니길 바란다고 했다. 그러자 스리니바사가 즉시 "하디! 그건 정말 흥미로운 숫자예요. 두 세제곱수의 합으로 나타내는 방법이 둘인 수 중 가장 작은 숫자거든요"[*]라고 말했다.

우월한 숫자 10

10의 거듭제곱(1, 10, 100, 1,000 등)은 지구상에서 가장 인기 있는 숫자이다. 이것들을 작은 숫자로 나누어서 얻는 숫자들도 인기가 있다. 즉, 2로 나누면 5, 50, 500이 되고, 4로 나누면 25, 250 등이 된다. 또, 2를 곱하면 인기 있는 숫자인 2, 20, 200 등이 나온다. 나는 이 그룹 소속이 아닌 숫자가 찍힌 동전이나 지폐를 본 적이 없다. 하지만 혹시 우리에게 5,437페소짜리 지폐가 없는 이유나 독립 201주년 기념주화가 없는 이유가 있을까? 이유가 있다. 하지만 이것은 수학보다도 해부학과 역사, 사회학과 더 관련 있다.

우리의 첫 번째 계산기는 바로 손가락이다. 10개의 손가락은 계산할 때 아주 유용하다. 이런 해부학적 우연성 덕분에 10이 우리

---

[*] 1729는 (12^3+1^3)과 (10^3+9^3)이라는 두 가지 방식으로 만들 수 있다. 이는 세제곱수 두 개의 합으로 나타내는 방법이 두 가지인 수들 가운데 가장 작은 수이다.

역사에서 가장 특별한 자리에 오르게 되었다. 어떤 수량을 나타내는 데 10이란 숫자를 사용하는 것도 이런 이유일 것이다. 예를 들어 236은 100이 2개, 10이 3개, 1이 6개가 더해진 숫자이다. 만일 우리 손가락이 8개였다면 어땠을까? 그랬다면 물론 8개(즉, 0, 1, 2, 3, 4, 5, 6, 7)의 숫자만 사용했을 것이다. 그리고 '10'은 더 이상 10단위가 아니라, 8단위였을 것이다.

또 다른 유용한 시스템은 디지털 컴퓨터에서 사용하는 2진법이다. 여기에서는 오직 2개의 숫자(0, 1)만 사용해서 1에서 10까지 센다. 즉 '1, 10, 11, 100, 101, 110, 111, 1000, 1001, 1010'이다. 10의 거듭제곱이 아닌 2의 거듭제곱이 사용되는데, 여기 특별한 '2, 4, 8, 16, 32, 64, 128, 256……'이 있다. 이 숫자들은 컴퓨터를 사랑하는 사람들 사이에서 가장 유명하다. 따라서 10의 거듭제곱은 그 숫자의 고유한 속성 때문이 아니라, 우리가 숫자를 나타내려고 선택한 방식 때문에 유명한 것이다.

그러나 10의 우월성에도 눈에 띄는 예외가 있다. 그중 하나는 연필과 관련이 있다. 우리는 보통 한 세트에 열두 자루씩 들어 있는 연필 한 다스를 산다. 그렇다면 12라는 숫자에 뭔가 특별한 게 있는 걸까? 물론 있다. 10보다는 12가 훨씬 더 분배하기 쉽다. 12는 더 많은 숫자로 나눌 수 있기 때문이다. 즉, 12는 1, 2, 3, 4, 6, 12로 나뉘는 반면에, 10은 1, 2, 5, 10으로만 나눠진다. 잘 나누어지는 숫자들은 편리하고, 특히 연필 한 다스를 나눌 때 그렇다. 또한, 앵글로색슨족은 1피트를 12인치로 나누었다. 그리고 시간 측정 시스템에 60(12×5)이라는 숫자를 주인공으로 세웠다. 그리고 각도를 잴 때도 원 하나를 360칸으로 나누었다. 이럴 때 위대한 숫자는 바로 360이다. 이것은 1, 2, 3, 4, 5, 6, 8, 9, 10, 12, 15 등 다양한 숫자로 나누어지기 때문이다. 덕분에 우리는 식사 시간에 피자를 쉽게 나누어 먹을 수 있다.

소수(prime number)의 매력
—

하지만 뭔가를 꼭 나눠야 하는 경우가 아니라면, 적게 나뉘는 숫자가 더 흥미롭다. 극단적인 경우도 있는데 자신과 1로만 나누어지는 숫자이다. 이런 숫자를 우리는 소수라고 부른다. 즉, 2, 3, 5, 7, 11, 13, 17 등이다. 만일 10의 거듭제곱이 일반인들 사이에서 슈퍼스타라면, 소수는 수학자들 사이에서 슈퍼스타이다. 소수의 중요성은 해부학적 특징과 전혀 상관없다. 당연히 사회적인 합의와도 관련이 없다. 그만큼 소수는 정말 특별하다.

그리스인이 소수를 체계적으로 공부했다는 사실은 이미 널리 알려져 있다. 실제로 2300년 전에 쓴 유클리드의 연구에서 처음으로 무한 소수의 존재가 나타났다. 나는 이 설명으로 수학에 관심이 적은 독자들을 놀래주고 싶지는 않다. 그러나 정말 이건 진정한 시詩와 같다. 짧고 간단한 증명은 수학의 감정적 · 미적 가치를 보여준다.

내가 보는 소수는 장난기 있고 명랑하다. 그들은 어떤 질서도 없이 자연수 사이에 숨어 있다. 마치 자연수 사이에 우연히 떨어진 것만 같다. 그리고 그들을 찾는 것은 우리에게도 중요한 도전이다. 오늘날 알려진 가장 큰 소수는 1,700만 자리 이상으로, 그것을 찾는 데 강력한 컴퓨터의 힘이 필요했다(2014년 말에 있었던 일이지만, 그 기록도 잠깐이었다. 가장 큰 소수를 찾는 작업은 아직도 계속되고 있기 때문이다). 전자 프런티어 재단Electronic Frontier Foundation, EFF은 10억(브리태니커 사전을 직접 쓰는 길이의 3배 정도) 자리의 소수를 찾는 첫 번째 사람에게 25만 달러를 제공한다.

소수는 우리에게 다양한 질문을 던졌지만, 그중 많은 질문에는 아직도 답이 없다. 가장 유명한 것 중 하나는 소위 '쌍둥이 소수'이다. 이것은 두 수의 차가 2인 소수의 쌍이다. 예를 들어 (3, 5), (5, 7), (11, 13), (17, 19) 등이다. 쌍둥이 소수의 쌍은 수없이 많을 것이다. 그러나 아무도 그것을 증명하지 못했다. 물론 2보다 훨씬 큰 숫자로 나누어진 소수의 쌍이 무한하다는 것은 증명할 수 있다. 거대한 쌍둥이들이 있다는 건 알려져 있고 수학자들은 그것들을 찾기 위해 컴퓨터에 큰 힘을 빌리고 있다. 이제까지 알려진 가장 큰 쌍둥이 소수를 쓰기 위해서는 각각 30쪽 정도가 필요하다.

역사상 가장 위대한 도둑질

고드프리 하디는 창의적인 예술의 관점에서 수학에 관심이 있다고 했다. 소수는 과학자들에게 집착의 대상이었다. 20세기 초 소수 연구는 순수 수학이었다. 소수는 실생활과는 떨어진 놀이 같았다. 그러나 실제로 소수를 사용하는 기업들이 많아지면서, 오늘날 소수는 단지 유용할 뿐만 아니라 국제 사업의 기둥 역할을 하게 되었다. 이것은 전자방식으로 비밀 정보를 전송하는 암호화 과정의 중요한 기초이다. 예를 들어, 은행 입금 시 온라인으로 신용카드 번호나 비밀번호를 입력할 때마다, 큰 소수들은 그 거래를 보호한다.

이런 방식의 과정은 매우 기술적이라서 여기에서는 간단하게만 언급할 것이다. 소수가 아닌 숫자는 소수를 곱해서 만들 수 있다는 사실이 이 모든 과정의 기본이다. 예를 들어, $30 = 2 \times 3 \times 5$가 그렇다. 인수분해를 하면 이런 결과가 나온다. 2와 3, 5는 숫자 30을 구성하는 원시 원자primordial atom인 셈이다. 임의로 큰 수를 얻기 위해 소수를 곱하기는 아주 쉽지만, 그 반대는 쉽지 않다. 큰 수, 즉 1000자리 숫자에서, 그것을 구성하는 소수를 찾는 건 어려운 과제이다. 비교적 빨리 찾는 방법은 아직 알려지지 않았고, 수학자들은 그런 방법은 없다고 추측한다. 숫자가 매우 크면, 이 세상에 인간의 합리적인 시간(적어도 우주의 나이보다 적은)으로 그렇게할 수 있는 컴퓨터도 없을 것이다.

큰 수를 인수분해 하는 것은 몹시 어려운 문제이다. 이것은 보안 처리된 정보를 해독하려는 해커 역시 마찬가지일 것이다. 예를들어 은행에서는 모든 고객을 대상으로 하는 암호화 비밀이 엄청나게 큰 숫자에 들어 있고, 은행만 그 숫자에 대한 정확한 인수분해를 알고 있다. 보안 처리된 정보를 은행에 보낼 때, 컴퓨터는 메시지를 암호화하는 열쇠로 이 거대한 숫자를 사용한다. 이 암호를 해독하려면 그 숫자를 구성하는 소수들이 필요하다. 여기에서는 그것이 어떻게 작동하는지 자세히 설명하기는 어렵지만 한 가지 중요한 사실이 있다. 만일 큰 수를 구성하는 소수들을 찾는 빠르고 실용적인 방법을 알아낸다면 수학계에서만 영웅이 되는 게 아니다. 그렇게 되면 당신의 손은 세상에서 가장 힘 있는 사람이 원하는 무기 중 하나가 될 것이다. 이러니 어떻게 소수를 비웃을 수 있을까.

05

—

올리비아, 폭탄, 신의 주사위

—

매년 9월 26일 나는 올리비아 뉴튼 존Olivia Newton-John의 생일을 기념한다. 그녀의 천사 같은 목소리는 지금까지도 나를 감동하게 한다. 나는 그녀가 음악사에서 평론가들에게 가장 부당한 대우를 받은 예술가 중 한 명이라고 여긴다. 그녀가 부른 〈제너두Xanadu〉를 한번 들어보라. 이것은 팝의 걸작으로 이 영화 음악을 맡은 일렉트릭 라이트 오케스트라E. L. O.의 리더인 제프 린Jeff Lynne이 만든 곡이다. 그녀가 출현했던 《그리스》에서 춤을 추던 장면을 떠올려보자. 마지막 장면에서 그녀는 꼭 끼는 검은색 라이크라(탄력 있는 합성 직물) 바지를 입었다. 80년대 초 사춘기를 보내던 사람들에게 주인공 샌디가 남긴 영향을 누가 부정할 수 있을까?

아마도 올리비아가 6세 때, 그녀의 외할아버지가 노벨 물리학상을 받았다는 사실을 아는 사람은 많지 않을 것이다. 그녀의 어머니인 에레네 보른Irene Born은 과거 가장 영향력 있는 인물 중 한명인 막스 보른Max Born의 딸이다. 그는 물리학에서 비결정론(상태나 결과의 인과론적 결정을 인정하지 않는 태도)의 아버지이고, 아인슈타인Albert Einstein이 "신은 주사위 놀이를 하지 않는다고 확신한다"라고 썼던 유명한 편지에 맞섰던 인물이다.

하지만 그녀의 외할아버지는 20세기 초 높은 지위와 훌륭한 저서에도 불구하고 외손녀와 똑같이 부당한 대우를 받았다. 그가 1954년 노벨상을 받기까지 많은 시간이 걸렸다. 30년도 더 전에 베르너 하이젠베르크Werner Karl Heisenberg는 양자역학 창시의 업적으로 그보다 먼저 노벨상을 받았다. 그러나 사실 이것은 보른이 처음 만든 용어였다. 수상 직후에 베르너 하이젠베르크가 보른에게 보낸 편지에서 "나는 고팅 가에서 자네와 함께한 이 작업으로 노벨상을 받은 거라네. 파스쿠알 요르단Pascual Jordan이 나를 우울하게 만들어서 자네에게 편지 쓰기가 어렵네"라고 적었다. 파스쿠알 요르단은 독일의 물리학자로 하이젠베르크와 함께 새로운 역학의 기초를 세운 인물이다.

길 잃은 결정론

19세기 말에서 20세기 초, 물리학에 큰 위기가 발생했다. 미시 세계에서 시작된 문제였다. 원자와 분자의 작은 크기를 측정할 수 있게 되면서 뉴턴Isaac Newton의 법칙이 더는 자연을 설명하는 데 유용해 보이지 않았다. 이 물질의 특징은 그 시대 최고 특권층에 게까지 위협이 되었다. 그러나 20세기 후반 그 불은 진화되었다. 그 해결책은 바로 양자역학이었는데, 인간이 만든 과학 이론 중에 가장 막강하면서도 묘한 이론 중 하나이다.

1925년 베르너 하이젠베르크가 이 미시 세계 탐사에 첫 깃발을 꽂았다. 그는 주요한 논문에서 그 당시 물리학자들이 별로 중요하게 생각하지 않았던 이상한 수학적 방식을 사용했다. 이것이 그저 행렬 곱셈이라는 것을 깨달은 사람이 바로 보른이었다. 따라서 보른과 하이젠베르크, 파스쿠알은 여기에 최종적으로 양자역학이라는 이름을 붙였다. 동시에 베를린에서 에르빈 슈뢰딩거Erwin Schrodinger가 양자역학 초기에 탄생한 연구 중 가장 유명한 연구를 완성했다. 그의 이론은 파동역학으로, 그 중심 결과에는 슈뢰딩거의 방정식이 있었는데, 이것은 20세기 물리학에서 가장 중요하다. 또한 그는 파동역학이 하이젠베르크 양자역학과 완전히 똑같다는 것을 증명했다. 이로써 양자역학이라는 한 원자 세계 이론에 두 가지 공식이 존재하게 되었다.

그러나 슈뢰딩거의 방정식에는 심각한 문제가 있었다. 아무도 해석할 수 없는 이상한 부분인 파동함수가 포함되어 있었던 것이다. 오늘날 우리가 받아들일 수 있는 해석을 내놓은 사람이 바로 올리비아의 외할아버지였다. 파동함수는 정해진 순간에 정해진 장소에서 연구 대상을 발견할 확률을 나타낸다. 확률? 이것은 물리학에서 새로운 개념이다.

보른 이전에 사람들은 자연의 법칙이 결정론적이라고 생각했다. 특정 순간에 우주 상태에 대한 지식은 모든 미래 사건을 예견하는 데 충분해야 했다. 유일한 장애물이라면 도구 측정에서 발생하는 정밀도의 부족이다. 따라서 발생하는 우연은 우리 무지의 결과일 뿐이다. 예를 들어, 동전을 던지면 특정 위치와 방향, 속도로 떨어지도록 정확히 통제하지 못한다. 이런 조건에서는 앞면이 나올지 뒷면이 나올지 예측하기 어렵다. 하지만 뉴턴의 이론을 사용해서 이 모든 변수를 정확히 잴 수 있다면, 던지기 전에 결과를 알 수 있을 것이다.

하지만 양자역학이 나타나면서 이것에 대한 생각이 근본적으로 바뀌었다. 이 이론에서 불확실성은 중요한 역할을 한다. 전자를 생각해 보자. 뉴턴 역학에서 연구 대상은 매 순간의 전자 위치이다. 여기에서 던질 수 있는 질문은 "3분 후에는 어디 있을까?"이다. 하지만 양자역학에서 그런 질문은 의미가 없다. 연구 대상은 정해진 순간에 특정 장소에서 전자를 발견할 확률이다. 그것을 관찰하지 않는 동안에는 그 어디에도 전자가 없다. 그것은 마치 올리비아의 목소리처럼 영원히 편재하는 파동함수를 말한다. 그것을 관찰해야만 이론에 의해 지시된 확률에 따라 어딘가에 구체화될 것이다. 따라서 전자는 우리가 관찰할 때 입자로 나타나고, 그때 그 위치를 결정할 수 있다. 하지만 그것을 관찰하지 않으면, 이 이론은 파동함수의 추이만 예측하고, 우리에게는 확률만 알려준다.

여기에서는 뉴턴의 물리학에서 벌어지는 것과는 달리, 우연성은 우리의 무지와는 전혀 상관이 없다. 이것은 이 이론의 기본으로, 관찰 즉시 나타난다. 그리고 이것으로 인해 물리학에서 결정론은 종말을 맞이하게 되었다. 이 발견의 문화적인 의미는 매우 크다. 처음으로 과학 이론의 근거에서 비결정론적 요소가 드러났는데, 이는 이후 철학을 포함한 과학을 생각하는 방식에 큰 영향을 미쳤다.

양자 산업

—

양자역학이 이론의 영역에만 침투한 게 아니다. 이것은 새로운 산업혁명의 시작이었다. 이 이론은 지난 50년간 과학 기술의 중요한 부분을 차지한다. 아마 가장 중요한 것은 1947년에 발명한 트랜지스터일 것이다. 이것은 텔레비전과 라디오의 크고 비싼 진공관을 대신한 작은 전자 장치이다. 존 바딘John Bardeen과 월터 브래튼Walter Brattain, 윌리엄 쇼클리William Shockle가 이것을 만들어 1956년 노벨 물리학상을 받았다. 오늘날 우리가 사용하는 많은 전자 장치는 수백만 개의 트랜지스터를 사용한다. 전기 처리 장치(컴퓨터의 뇌)를 예로 들면, 손바닥 안에 들어가는 칩 안에 10억 개 이상의 트랜지스터가 들어 있다.

우리는 미래에 '양자 컴퓨터들'이 급습할 것을 예상하는데, 그 힘은 오늘날 과학기술로 상상할 수 있는 것보다 훨씬 더 강할 것이다. 오늘날 정보는 비트bit 단위로 저장되고 처리된다. 컴퓨터가 처리하는 정보의 기본단위인 비트는 0 또는 1, 딱 두 가지로 표현

된다. 컴퓨터는 이전 장에서 언급한 대로 이진법으로 읽고 계산한다. 예를 들어, 두 가지 상태로 표현되는 1비트는 '예/아니오'로 응답을 저장할 수 있다. 만일 우리가 2비트를 가진다면, 네 가지 상태(00, 01, 10, 11)를 위한 저장 공간을 갖게 된다. 즉, 2비트로 혈액형(A, B, AB, O)을 저장할 수 있다. 1바이트byte는 8비트가 모인 단위이다. 이것을 계산해 보면 256가지의 상태가 있을 수 있다.

오늘날 개인용 컴퓨터 메모리는 수많은 테라바이트terabyte를 담고 있고, 이것은 1조 바이트에 해당한다. 몇 가지 상태까지 있는지 계산해 보길 바란다. 양자 컴퓨터는 메모리 용량뿐만 아니라, 계산 능력까지 비약적으로 향상할 것이다. 양자 컴퓨터에서 정보 기본 단위는 큐비트qbit이다. 큐비트는 관찰할 때 0 또는 1을 찾는 확률만 알려진 양자 상태이다. 예를 들어, 큐비트는 1을 측정하는 확률이 10%이고, 0의 측정 확률은 90%가 될 수 있다. 따라서 큐비트는 비트보다는 더 많은 정보를 저장할 수 있다. 하지만 사용 시 불확실성이 항상 존재한다는 불편함이 있다. 아직은 이 컴퓨터를 만들 수 없지만, 이론적으로는 현재 컴퓨터보다 훨씬 더 빠를 것으로 예측할 수 있다. 따라서 기존 컴퓨터로 할 수 없었던 계산을 할 수 있게 될 것이다.

양자역학은 원자력 제어의 기반이 되었다. 미국의 물리학자인 로버트 오펜하이머Robert Oppenheimer는 첫 원자폭탄을 만든 맨해튼 프로젝트의 책임자였다. 그는 막스 보른 감독 아래 괴팅겐 대학교에서 박사 과정을 밟았다. 따라서 보른이 원자폭탄의 정신적 할아버지라고 할 수 있다. 오호라 손주들(폭탄들)이여!

06

—

색의 세계, 색상 수업

—

드디어 비가 내린다. 그러나 한편 회색빛 풍경과 빗물에 씻겨나간 색들을 보면 괜히 우울해진다. 모든 것이 지루하고 나른해 보인다. 버스들과 술집, 축구, 대통령 후보들까지.

색은 우리를 자극한다. 특히 무지개와 바다의 일몰, 그리스 샐러드처럼 생생한 색들이 그렇다. 그래서 색채 인식 특징의 수수께끼를 푸는 일은 길고 장대한 모험이다.

체계적으로 색에 대한 의문을 제기한 인물은 바로 아이작 뉴턴이었다. 그는 태양 빛이 프리즘을 통과할 때 다양한 색으로 분산된다는 것을 깨달았다. 빛이 프리즘을 통과하면 꺾이는데, 모든 색이 다 똑같이 그러는 건 아니다. 빨간색이 가장 적게 꺾이고, 그

다음이 주황색, 노란색, 초록색, 파란색, 그리고 마지막으로 보라색이 가장 많이 꺾인다(이 실험은 이미 오래되었는데, 아마도 뉴턴보다는 핑크 플로이드의 〈The Dark Side of the Moon〉 음반 디자인으로 더 유명하다). 뉴턴은 백색광이 모든 색의 혼합이고, 프리즘이 그 요소들을 다 분리할 수 있다고 결론 내렸다.

오늘날 우리는 빛이 광자photon로 구성되어 있다는 것을 알고 있다(광자는 입자로서의 빛으로, 빛알이라고도 한다). 프리즘을 통과해서 나오는 각 색은 서로 다른 에너지의 광자이다. 가장 에너지가 적은 것이 바로 빨간색이다. 반대로 가장 에너지가 많은 것이 보라색이다. 눈과 뇌는 독특한 색의 감각들을 통해 이런 광자 중 하나와 반응한다. 이런 식으로 우리 주위 세상은 햇빛을 민주적이 아닌 선택적 방법으로 흡수하기 때문에 천연색이다. 예를 들어, 나뭇잎이 초록색인 이유는 엽록소가 아주 효율적으로 빨간색과 주황색, 파란색과 보라색을 흡수하지만, 초록색은 흡수하지 않아서 반사되기 때문이다. 그렇게 반사된 색이 우리 눈으로 들어온다. 내리는 눈은 모든 색을 다 반사하기 때문에 뉴턴이 말한 기본 빛, 즉 흰색으로 나타난다.

그러나 색이 부족한 순간도 있다. 분홍색과 회색, 점토색이나 자홍색은 어디에 있을까? 검은색은? 무지개가 다양한 색채의 최고 상징인 건 우연이 아닐까? 물리학의 경우에는 실제로 무지개색만 존재한다. 이 색 중에 딱 하나의 광자만 존재할 때, 빛이 단색이라고 말한다. 레이저는 단색광의 예이다. 그러나 일반적으로 우리 눈에 들어오는 발광 광선은 혼합색이다. 흰색이 그 첫 번째 예이다. 여기에는 모든 색이 다 들어 있다. 이 혼합색이 우리 안에 만들어내는 심리적 느낌은 눈의 생리에 달렸다.

흥미롭게도, 색채 인식 세계를 탐험한 개척자는 바로 물리학자였다. 바로 영국의 토마스 영Thomas Young이었는데, 19세기 초 수많은 과학자 중 한 명이었다. 그가 과학사에 이바지했던 가장 중요한 공헌은 바로 1801년 빛의 파동성을 증명한 유명한 실험이었다. 빛은 뉴턴이 생각했던 것처럼 입자가 아니라 파동이었다. 오늘날은 양자역학을 확립한 파동-입자 이중성wave-particle duality 덕분에 뉴턴이 아주 완전히 틀린 건 아니라는 걸 알고 있다.

따라서 우리는 광자에 대해서 말할 수 있다. 이것은 입자지만 파동의 특성이 있다. 혼란스러운 특성이라 생각할 수 있겠지만, 사실이다. 상식만으로는 양자 세계에 들어갈 수 없다. 이전 장에서 말한 것처럼 물질의 개념은 그것의 출현과 동시에 근본적으로 수정되었다.

토마스 영은 색각(색채를 구별하여 인식하는 능력)이 우리 망막에 있는 3개의 다른 수용체 때문이라고 했다. 이 수용체들은 오늘날 원뿔세포●라는 세포에 있는데, 20세기 말에 관찰되었다. 조금만 생각해 보면, 숫자 3이 이 분야 모든 곳에 다 있다는 것을 눈치챌 것이다. 3개의 기본색(빨강, 노랑, 파랑), 화면의 각 픽셀에 있는 3개의 빛, 텔레비전에서의 3개의 색상 컨트롤(색상, 밝기, 대비)이 있다. 색

● 원추세포라고도 하며 눈의 망막 중심부에서 색깔을 구별하는 세포로 빨강, 파랑, 초록색의 가시광선을 인식한다.

이 있는 물체 속에는 3개의 감각적 특징도 있다. 즉, 명도는 감지된 빛의 세기이고, 색상은 색 자체의 고유한 특성이다. 또한, 채도는 우리가 보기에 색이 얼마나 맑고 탁한가를 나타낸다. 색의 세계는 우리가 움직이는 공간처럼 3차원 세계이다.

흰색, 파란색!

—

뇌가 3개의 세포에서 오는 신호로부터 광자 에너지(또는 광선 색)를 감지하는 방식은 비유로 설명할 수 있다. 또한, 왜 이 측정이 완벽하지 않은지 알게 될 것이다(우리 눈이 다윈 진화의 산물이며, 광자 에너지를 정확히 안다고 환경에 더 잘 적응할 수 있는 건 아니다).

세 사람의 투자자가 각각 대기업의 주식을 가지고 있다고 가정해 보자. 혹시 투자자의 미소만 보고도, 어떤 주식이 올라갔는지 알 수 있을까? 가장 많이 웃는 사람이 있다면, 그 사람이 많이 가진 주식이 올랐다고 추측해 볼 수 있다. 만일 두 사람이 웃고 있다면 둘이 함께 가지고 있는 주식이 올랐기 때문일 것이다. 만일 모두가 어느 정도 비슷하게 웃고 있다면, 모두가 다 가지고 있는 주식이 올라갔을 것이다.

마찬가지로 우리 눈에 들어오는 빛이 원뿔세포의 3개의 세포를 자극하면, 뇌는 스펙트럼의 모든 색깔이 합쳐졌다며 '흰색!'으로 해석한다. 만일 파란색과 보라색에 가장 민감한 원뿔체가 흥분하면, '파란색!'이라고 외친다. 만일 원뿔체가 빨간색과 초록색에만 흥분한다면, 뇌는 빛이 노란색이라고 결정한다(빨간빛과 초록빛을 합성하면 노란빛이 된다). 왜냐하면, 이 색은 양쪽 원뿔세포를 대략 비슷하게 흥분시키기 때문이다. 이것은 두 사람의 투자자가 공유한 주식이 올라서 웃을 때와 같다.

또한, 자외선이나 적외선처럼 원뿔세포와 상호 작용하지 않아서 볼 수 없는 광자도 있다. 우리 투자자들은 이런 기업의 주식은 보유하지 않아서 주식 변동이 그들에게 아무런 영향을 미치지 않는다. 그런 복사선에 대해서는 다음 장에서 더 자세히 알아볼 것이다.

색의 밝기는 주어진 시간 간격으로 망막에 도달하는 광자들의 양을 측정한 것이다. 흰색과 회색을 예로 들어보자. 이 둘은 색채 함유가 같다. 모든 색이 섞였다. 하지만 회색은 더 불투명하고, 배경보다 훨씬 더 어두운 흰색인 셈이다.

채도가 낮은 색은 흰색과의 혼합물 또는 순색이지만 주변과 비교해서 어두운색에 해당한다. 예를 들어, 분홍색은 모든 색이 섞였지만, 빨간색이 지배적이다. 즉, 흰색과 빨간색의 혼합색이다. 한편 순수한 노란색처럼 보이는 색도 그보다 밝은 배경에서는 커피색처럼 보일 것이다. 무지개 또는 프리즘 또는 시디 반사면에서 나온 빛은 단색광인데, 우리는 그것을 더 생기 있고 채도가 높다고 인식한다. 일반적으로 채도가 높은 색은 더 매력적으로 보인다. 왜냐하면, 일상 사물에서는 보기 힘들기 때문이다. 그런 색을 얻기 위해서는 물체가 우리가 원하는 그 색을 제외하고 거의 모든 색을 흡수해야 하므로 흔하지 않다. 그런데 이렇게 많이 흡수하면 배경보다 더 어두워져 채도가 낮아질 것이다.

요술 숫자 3

정확히 같은 색채 느낌을 내는 다양한 혼합색이 있다. 투자자들의 예로 돌아가 보자.

당신은 주식이 올라서 행복한 세 사람을 보고 있다. 그러나 그 것은 모든 주식이 아니라 많이 보유한 몇몇 주식이 올라서일 수도 있다. 마찬가지로 빨간색과 초록색, 파란색 빛을 섞으면 세 가지 원뿔세포를 똑같이 자극할 수 있다. 그러면 우리 눈에는 흰색으로 보일 것이다(컴퓨터 화면을 좋은 돋보기로 들여다보자. 흰색이 보이는 것 같을 때, 실제로 무엇이 보이는지 관찰해 보자).

노란색도 마찬가지이다. 이 빛이 원뿔세포의 두 곳을 똑같이 자극한다. 그러나 초록빛과 빨간빛을 섞었을 때도 노란빛이 나타날 수 있다. 이상하다는 생각이 들 수도 있다. 학교에서는 노란색을 원색이라고 배웠기 때문이다. 물론 색료와 어울릴 때는 그렇지만, 빛과 있을 때는 다르다. 색료는 빛을 흡수한다. 즉, 색이 빛을 빼앗는다. 그래서 새로운 색을 얻으려고 색료를 섞으면, 화면에 빛을 비출 때 나타나는 가산혼합이 아닌 감산혼합●을 하게 된다. 화

● 빛을 가하여 색을 혼합할 때, 혼합색이 원래의 색보다 밝아지는 혼합을 가산혼합이라 하고, 혼합색이 원래의 색보다 어두워지는 혼합을 감산혼합이라 한다.

면 위에 다른 색의 빛을 비추면 색들이 다 합쳐진다. 하지만 반대로 색료를 합치면 각 색이 흡수한 색깔들이 빠진다. 이 두 방법으로 모두 최종 색을 조절할 수 있지만, 그 과정들은 아주 다르다.

이 두 경우에서는 요술 숫자는 바로 3이다. 3가지 색으로 화면 또는 인쇄물에서 다른 어떤 색이든 만들어낼 수 있다. 컬러 복사는 아마도 이 모든 것을 적용한 가장 오래되고 넓게 사용되는 방법이다. 첫 번째 작품은 1861년에 물리학자 제임스 클러크 맥스웰James Clerk Maxwell이 발표했다. 그에 대해서는 곧 다시 언급할 것이다. 안타깝게도 토마스 영은 1829년에 다채로운 우주 위에 남은 심오한 흔적들을 모른 채 죽었다. 그러나 우리는 토마스 영 덕분에 잡지 사진으로 창문 너머로 내뿜는 잿빛과 권태, 안개, 칠레 북부에 있는 이키케 항구의 일몰 때 보이는 모든 색을 즐길 수 있게 되었다.

07

—

우리 사이에 파동이 있다

—

"그래, 좋아."

레베카가 말했다.

그녀가 분명한 목소리로 대답했다. 레온의 머릿속에는 여전히 이 말이 강한 한 발을 맞은 것처럼 울리고 있다. 그는 이 대답을 들을 준비가 되어 있지 않았다. 확신이 없었기 때문이다. 그가 그녀에게 전화해 할 수 있는 정확하고 용기 있는 말을 찾는 데 2주나 걸렸다. 그녀를 다시 만나고 싶어서 여러 상황을 생각해 보고 수십 개의 답변을 준비했다.

"여보세요?"

그녀의 달콤한 목소리를 들으니 심장이 쿵쾅거렸다.

그가 떨리는 목소리로 말했다.

"여보세요, 레베카, 나 레온이야. 이번 주 금요일에 식사 초대를 하고 싶은데…… 조금 이상하다고 생각할 수도 있겠지만…… 너도 발파라이소(칠레 발파라이소주의 최대의 항구 도시)에 가보고 싶어 할 것 같아서. 한 번도 안 가봤다고 말했던 거 혹시 기억해? 해 질 녘에 노을 구경도 할 수 있고, 투리 광장에서 치즈를 넣은 조개 요리랑 와인 한잔하면 좋을 것 같아서. 근데 시간이 안 된다면 괜찮아, 이해해……."

그가 앞뒤가 안 맞는 바보 같은 소리를 하는 것 같았지만, 놀랍게도 그의 체면과 자존심을 세워주는 대답이 흘러나왔다.

"그래, 좋아."

레온은 이 행복이 좀 얼떨떨했다. 그는 이제까지 늘 레베카와 거리를 두고 대화했었다. 지금도 그녀는 15km 이상 떨어진 먼 곳에 있다. 그 대답을 들었을 때 느꼈던 감정은 안테나와 실리콘 칩들 덕분에 이루어진 것이다. 그가 처음 그녀를 봤을 때도 최소 2m 이상 떨어져 있었다. 그 거리는 원자적 우주에서의 광대함 그 자체였다. 그렇다면 무엇이 그들을 연결한 걸까? 외롭던 그가 어떻게 아주 만족스럽게 레베카를 바라볼 수 있었던 걸까?

이 모든 것의 답은 바로 파동에 있다. 그의 휴대전화에서 그녀의 휴대전화로 전송된 파동 덕분에 멀리 있어도 레온이 레베카를 식사에 초대할 수 있었다. 또한, 첫날 레온이 그녀를 볼 수 있게 해준 것도 바로 이 파동이다. 그날 오후 태양에서 나온 파동, 즉 빛은 레베카의 미소에 부딪히고 나서 다시 얼음이 되어 버린 레온의 오른쪽 눈으로 들어왔다. 또한, 그가 처음 들었던 그녀의 입에서 나온 말도 파동과 성대에서 나온 공기의 진동이었다. 그 진동들이 양쪽 귀에 도달한 것이다. 그가 레베카에 대해서 알게 된 모든 것은 물리적 현상, 즉 파동(빛, 전파, 소리)에서 시작되었다. 이런 비물질이 그녀의 이미지를 만들었다. 그는 이미 잘 알고 있었다. 적어도 사랑에 빠지기에는 충분하다는 것을.

많은 진동들

잠잠한 연못에 돌을 던지면 떨어진 곳에서 물결이 퍼져나가는 것을 볼 수 있다. 일련의 동심원이 생기는데 사방으로 에너지를 전달한다. 주의 깊게 보면 물에는 지나가는 물체가 없고 물이 혼자 흔들릴 뿐이다. 연못 각 지점에서 깊이가 높아졌다가 낮아진다. 이것은 마치 축구장에서 파도타기할 때와 비슷하다. 관중이 한 명씩 일어나면 그것을 본 옆 사람도 똑같이 일어났다 앉는다. 어떤 사람도 자기 자리를 이동해서는 안 된다. 즉 물은 위아래로 요동칠 뿐, 아무 데도 이동하지 않는다.

하지만 물마루는 일정한 속도로 움직인다. 레베카와의 전화 통화에서 레온은 휴대전화 안테나에서 나온 전파가 1초에 30만km로 움직인다고 계산했다. 별로 놀라지 않을 수도 있지만, 이 속도로 가기 때문에 서로의 뜻을 전달하고 이해하는 데 말이 지연되지 않는다. 그가 한 말이 레베카에게 전달되는 시간은 10마이크로초 µs를 넘지 않는다. 기존 카메라의 플래시가 터지는 시간도 이것보다는 100배 이상 더 길다. 이것은 자연계에서 허용하는 가장 빠른 속도, 즉 빛의 속도로 움직인다. 그리고 이것은 우연이 아니다. 휴대전화에 사용되는 전파는 빛과 같은 전자파(전자기파)이다. 모든 전자파는 적어도 진공 상태에서 빛의 속도로 움직인다.

레온의 휴대전화를 수신하는 전파는 북쪽으로 15km 떨어진 곳에 있는 레베카의 목구멍에서 나온 음파를 재현하는 데 필요한 정보를 가지고 있다. 그래서 귀에서 몇 센티미터 떨어진 곳에서 들리는 그녀의 목소리에 대답하고 말하는 목표가 이루어졌다. 하지만 혼동하지는 말자. 음파는 기압의 진동이므로 전자파와는 본질적으로 다르다. 결국, 파동은 파동이지만.

파동은 주기적이다. 거의 일정한 주기로 바위를 치는 바다의 파도와 같다. 이 파도의 두 물마루 사이의 거리를 파장이라고 한다. 파도의 파장은 수십 미터 혹은 킬로미터가 될 수 있다. 또한, 전자파는 서로 다른 파장을 가질 수 있다. 전파의 파장이 가장 긴데 수십 미터(장파)부터, 레온을 아주 떨리게 만든 "그래, 좋아"라는 말을 전달한 수 센티미터에 이른다. 밀리미터 전자파를 마이크로파라고 부르고, 이것은 음식을 데울 때 아주 유용하게 쓰인다. 그다음으로 긴 전자파는 적외선이고 그다음이 가시광선이다. 파장이 700나노미터nm 이상이면, 우리 눈에 빨간색으로 보인다(100나노미터는 1만 분의 1밀리미터이다). 우리는 350나노미터까지의 파장을 볼 수 있고, 이 경우는 보라색으로 보인다. 우리 눈은 이보다 더 짧은 파장은 인식할 수 없다. 더 짧은 파장은 순서대로 자외선과 X선, 감마선이 있다. 이것이 바로 전자기 스펙트럼이다.

비상 전화

앞에서는 주로 두 가지 파동이 레온과 레베카와의 오후 첫 만남을 성사시켜 주었다. 즉, 몸에서 튀어나와서 망막에 도달한 가시광선이라는 전자파와 공기와 고막을 진동해서 이동한 음파이다. 그리고 2주 후에는 휴대전화 안테나를 통해 전송된 전자파가 새로운 만남에 힘을 보탰다.

우리가 감지하는 우주의 거의 모든 것들이 비물질적인 파동을 통한다는 게 이상할 수도 있지만, 그보다 더 신기한 것은 우리가 주변의 무한한 파동 중 우리에게 도움이 되는 것만 선택할 수 있다는 사실이다. 공기에 가득한 수많은 소리, 세상이 전하는 그 모든 소음 속에서 레온은 다른 어떤 것도 지구에 존재하지 않는 것처럼 레베카의 성대에서 나던 소리에만 주목할 수 있었다. 그들이 통화할 때 전화도 그런 일을 했다. 안테나에 도달한 신호는 수천 가지가 있었지만, 그 기계는 떠들썩한 전자 소음 중에서 그의 평생을 바꿀지도 모르는 레베카의 "그래, 좋아"라는 소리만을 선택할 수 있었다.

우리가 휴대전화에서 특정한 대화를 선택할 수 있는 절묘한 정확함은 라디오 방송국을 다이얼로 선택하는 것과 같은 기술을 기반으로 한다. 이 모든 것은 100년 전, 캐나다의 발명가 레지널드 페선던Reginald Aubrey Fessenden이 완벽한 라디오를 만드는 데 성공하면서 시작되었다. 그 수준은 음악 전송에 쓰이기에 충분했다.

그렇게 1906년 크리스마스 저녁, 페선던은 헨델의 오페라 《세르세Xerxes》에서 나오는 아리아 〈사랑스러운 나무 그늘이여Ombra mai fu〉를 내보냈다. 라디오의 탄생과 더불어 진폭 변조AM 기술 덕분에 각 전송에 전자기 스펙트럼의 작은 부분을 사용할 수 있게 되었다. 예를 들어, 라디오 AM 채널 720번은 중계를 위해 해당 방송국이 전송하는 데 사용하는 전파가 720킬로헤르츠kHz의 주기로 진동한다는 뜻이다. 즉, 1초당 72만 번 진동하고, 파장 길이는 417m이다. 각 파장은 각기 다른 전송 채널인데, 이것은 라디오나 전화기 내부 회로로 선택할 수 있다. 하지만 어떻게 그것이 가능한 걸까?

그네를 타며

———

그녀와 처음 대화한 날 레온의 머릿속에 라디오의 원리가 떠올랐다. 그들이 함께 있던 정원에는 그네가 있었다. 레베카는 그네에 앉아 있었고, 레온은 서서 그넷줄을 붙잡고 있었다. 그러나 레베카의 미묘한 흔들림은 근처 카페에서 흘러나오는 데스 캡 포 큐티Death Cab For Cutie 밴드의 리드보컬 벤 기버드Ben Gibbard가 부른 〈I will follow you into the dark〉의 리듬과 잘 맞지 않았다. 레온은 자기도 모르게 노래에 맞추기 위해 그네를 밀어 왕복 운동의 속도를 높여보려고 했지만 잘 안되었다. 순간 갈릴레오와 그의 발견이 떠올랐다. 진자의 진동 빈도수는 오로지 길이에 달려 있다. 그래서 그는 레베카를 좀 더 들어 올려서 그네의 줄을 짧게 만들면 빈도수가 올라가고 음악 리듬과도 맞출 수 있을 거라는 상상을 했다.

그네는 특별한 기구이다. 아주 적은 힘을 들여도 진폭을 크게 늘릴 수 있다. 그러기 위해서는 그네의 왕복 주기에 딱 맞춰서 밀어주기만 하면 된다. 만일 그 타이밍이 잘 맞지 않으면, 힘만 더 들고 진폭을 크게 늘릴 수도 없다. 적은 힘으로 진폭이 커지는 현상을 공진resonance●이라고 한다. 라디오는 본질적으로 전기 회로로 만들어진 그네와 같고 그 안에는 고유 주파수가 있다. 여기에서 다이얼로 선택할 수 있는 것은 레온이 길이를 줄이려고 상상했던 그네의 끈과 같다. 안테나는 약한 진동 전자 신호인 전파를 받는데, 이 원리는 레온이 부드럽게 그네를 밀 때와 비슷하다. 공중에 나타나는 모든 신호 중 라디오는 정확히 고유 주파수에 해당하는 신호만 증폭시킨다. 타이밍이 안 맞으면 아무리 밀어도 그네를 더 빨리 움직일 수 없는 것처럼, 상관없는 다른 신호에는 별다른 반응을 하지 않는다.

오늘날 전화기에는 기계 자체에서 통신 채널이 자동 선택되기 때문에 다이얼이 없다. 그러나 이제 레온의 머릿속에는 더 이상

● 특정 진동수를 가진 물체가 같은 진동수의 힘이 외부에서 가해질 때 진폭이 커지면서 에너지가 증가하는 현상

전화기도 그네도 없다. 여전히 레베카의 말만 가득할 뿐이다. 주변에서 연속적으로 지나가는 기운 넘치는 파동은 안중에도 없다. 그는 모든 안테나를 차단했다. 그는 사람이 많은 큰 수영장의 움직이는 물처럼 멈추지 않고 계속 진동하는 존재들을 알아채지 못한다. 그에게 중요한 건 오직 딱 하나의 파동뿐이다. 며칠 동안 그의 머릿속에는 크고도 결정적인 말 "그래, 좋아"만이 울릴 뿐이다.

08

—

우리가 잃어버린 모든 것

—

다음은 우디 앨런Woody Allen의 영화에 나오는 위대한 대사 중 하나이다. 그의 영화《부부 일기Husbands And Wives》에서 주인공 샐리는 부부 관계에 대해서 "이건 열역학 제2법칙 때문이야. 늦든 빠르든 모든 건 다 똥이 될 거라고. 이건 내 정의야. 브리태니커 백과사전에 나온 소리가 아니라고"라고 말한다.

개인적으로는 내 실패에 대해서 어떤 자연법칙의 핑계도 대고 싶지 않지만, 열역학 제2법칙이 많은 비극을 초래하는 것은 사실이다. 식탁 위에 커피가 식어서 차갑게 되는 것도, 전 우주가 향해 가는 모든 죽음까지 다 그 법칙 때문이다.

1장 '맥주가 당기는 날'에서는 영국의 맥주 양조자인 제임스 프레스콧 줄과 그가 1845년에 했던 중요한 발견에 관해서 이야기했다. 그리고 열이 에너지의 한 형태라는 것을 확인했다. 커피 잔을 데울 때 그것을 구성하는 분자들이 움직인다. 더 많은 에너지를 가질수록 더 많이 흔들리고 진동하며 충돌한다. 온도는 에너지의 척도이다. 열역학 제1법칙에 따르면 우주의 모든 에너지는 보존된다. 커피를 데우는 사람이 에너지 요금을 내야 하는 것과 같다. 공짜로 뜨거운 커피를 얻을 수는 없다.

줄은 열의 신비를 벗기고 이것이 에너지의 다른 형태임을 증명했다. 그러나 여전히 풀리지 않는 의문이 있었다. 왜 이 에너지가 뜨거운 물체에서 차가운 물체로 이동할까? 첫 번째 법칙에 따르면 대기 중 열에너지가 뜨거운 커피에 의해 흡수되어 계속 더 뜨거워질 수도 있다. 그러나 실제로 그런 일은 벌어지지 않는다. 이런 제약 때문에 모터가 모든 열에너지를 운동에너지로 변환할 수는 없다. 최대 효율은 1장에서 말했던 카르노 기관으로 이루어졌다. 열역학 제2법칙은 열에너지의 흐름과 변환의 한계를 결정한다. 하지만 그것을 이해하기 위해서는 수 세기 동안 토론한 개념을 이해해야 하는데, 바로 거부할 수 없는 진실인 원자와 분자의 존재이다.

오늘날은 아무도 우리 주변의 미시적 세계가 분자들로 이루어져 있다는 사실에 대해 논쟁하지 않는다. 이것은 모든 물질의 기본 단위로 격렬히 흔들리며 진동하며 회전하는 작은 입자이다. 우리 주변에 있는 열 형태의 거대한 에너지원이다.

그러나 그것을 손에 넣는 건 몹시 어렵다. 왜 운동에너지에서 열에너지로 바꾸는 건 쉬운데, 열에너지를 운동에너지로 바꾸는 건 어려운 걸까? 자연은 우리가 그 과정을 어느 방향으로 진행하는지 어떻게 아는 걸까? 자연 속에 '시간의 화살Arrow of Time'•이 있는 걸까?

아무래도 그런 것 같다.

엔트로피와 뜨거운 커피

대부분의 물리 법칙은 물리학자들의 말대로 '시간 역전 불변'이다. 예를 들어, 태양 주위를 도는 행성의 궤도를 설명하는 뉴턴의 법칙을 생각해 보자. 우리가 태양계에 대한 영화를 찍고 다시 돌려보면, 보이는 장면은 완벽하게 이 물리학 법칙을 따른다. 그 영화는 우리 눈에는 평범해 보일 것이다. 보통 접근할 수 있는 대부분의 물리계에서도 마찬가지이다. 핵물리학 영역만 아니라면, 시간 방향에서 일어날 수 있는 모든 것이 역방향으로 일어날 수도 있다.

그러나 아이러니하게도 우리 주변을 보면, 그것이 틀린 것만 같다. 영화를 거꾸로 돌려보면 아주 이상해 보일 것이다. 그 이유는 사람이 뒤로 걸어서가 아니라(좋은 배우는 그것을 꽤 그럴듯하게 연기할 수 있을 것이다), 근본적으로 그 현상들이 열과 관련 있기 때문이다.

• 무질서나 엔트로피가 증가하는 시간의 방향

책상 위에서 자발적으로 커피가 뜨거워지거나 굴뚝으로 나오는 연기가 불타는 장작 속으로 되돌아갈 수가 없다. 예외성이 있지만 이런 현상들은 어떤 미시적 물리 법칙도 어기지 않는다. 어기는 게 있다면 통계 법칙뿐이다. 즉, 이런 일이 발생할 확률이 너무 낮아서 실제로는 발생할 수 없다. 열역학 제2법칙은 어떻게 보면 정확한 의미에서, 한 사람이 동전을 던져서 10억 번 연속으로 뒷면만 나올 수 없다는 것과 같다.

19세기에 원자와 분자의 존재는 아직 인정되지 않아서 열 또는 열역학은 원자와 분자 역학과 별도로 만들어졌다. 독일의 물리학자 루돌프 클라우지우스Rudolf Clausius가 열역학에 부족한 요소를 보완해 이론을 완성했다. 그는 그것을 '엔트로피entropy'라고 불렀다. 이것은 에너지와 마찬가지로 우리가 측정할 수 있는 물리적 속성이다. 나중에 이것에 관해 이야기할 것이다. 1865년 클라우지우스가 도입한 새로운 물리적 변수에서 주목할 점은 바로 물리학적 이론을 만족시키는 법칙의 단순성이다. 열역학 제2법칙에 따르면 모든 물리적 과정에서 우주의 엔트로피는 증가한다. 이것은 시간의 화살이 가리키는 방향이기도 하다.

너무 전문적으로 들어가지 말고, 단순하게 커피가 어떻게 식는지를 살펴보자. 이 현상에서는 우주의 엔트로피가 증가하고, 따라서 그 반대로 차가운 커피가 뜨거워질 수 없다는 사실을 확인하게 된다. 만일 그렇게 된다면 열역학 제2법칙을 위반한 것이다.

또한, 엔트로피 덕분에 온도를 수학적으로 정확하게 정하게 되었다. 이것으로 열역학적으로 생각할 수 있는 최저 온도인 절대

온도 0k, 즉, 절대영도(-273.15℃)를 구하게 된 것이다. 미시적인 관점에서, 이런 최솟값이 반드시 존재하는데, 분자 세계에서 커피를 구성하는 입자 에너지가 움직임이 없는 상태가 될 때 에너지가 최소가 된다. 이 최솟값에 도달하면, 커피에는 더는 열이 흐르지 못한다. 그것을 더 이상 차갑게 할 수가 없다. 1848년 로드 켈빈Lord Kelvin은 자신의 이름을 딴 온도 눈금(켈빈 온도)을 정의했다. 이것은 클라우지우스보다 앞선 일이다. 켈빈에겐 수학적 정확성이 필요 없었다. 그의 천재성과 직감으로 카르노가 가졌던 이론들만 필요했다. 그 이론들은 엔트로피의 탄생을 직감하고 있었다.

두 세계의 중재자
—

1905년 알베르트 아인슈타인Albert Einstein은 그의 논문에서 물질의 구성체인 원자와 분자의 실재에 대한 의문점들을 싹 없앴다.

만일 커피를 확대해 보면, 커피가 단지 주로 물로 이루어진 다양한 분자의 복합체이고 그 안에서 그것들이 끊임없이 이동하고 충돌하며 진동하고 회전하는 것을 관찰할 수 있을 것이다. 아인슈타인이 이 사실을 증명하기 30년 전에 오스트리아의 물리학자인 루트비히 볼츠만Ludwig Boltzmann은 이미 그것을 확신했다. 그는 그당시의 이론에 반기를 들고 원자 이론이 절대적으로 옳다고 믿었고, 미시 세계의 역학에서 열역학 법칙들을 도출하려는 도전을 시작했다.

마치 이것은 사회 구성원인 개인들의 행동을 바탕으로 경제의 일반적 움직임을 예측하는 것과 비슷하다. 이때 중요한 것은 개개인의 형편에 따른 경제적 필요가 아니라, 통계적인 전체 행동이다. 이처럼 커피의 속성을 이해하기 위해서는 그것을 구성하는 분자들을 하나하나 알 필요가 없고, 평균만 계산하면 된다.

볼츠만은 이런 방법을 사용해 미시경제학과 거시경제학 속성들처럼 미시 세계와 열역학적(거시) 세계의 속성을 중재할 수 있었다. 이 중재는 그의 묘비(엔트로피의 공식[S=KlogW]이 새겨져 있다)뿐만 아니라, 모든 과학의 역사를 장식하고, 통계역학statistical mechanics이라는 물리학의 새로운 분야를 만든 아름다운 방정식에도 반영되었다. 그러나 원자의 끈질긴 친구였던 그는 만성 우울증을 앓았고, 끝내 동료들의 이해를 받지 못했다. 볼츠만은 1906년 이탈리아 휴가 중에 스스로 목숨을 끊었다.

질서와 무질서
—

볼츠만이 전하는 메시지를 직감적으로 이해해 보자.

두 아이가 함께 쓰는 방 책장에 각각 4권씩, 총 8권의 책이 있다고 가정해 보자. 아버지는 책장을 정리할 때 오른쪽에 꼭 형의 책을 두라고 시킨다. 물론 책장을 '질서 있게' 정돈하는 방법은 여러 가지가 있다. 그러나 아버지에게는 책 순서가 중요하지 않고, 무조건 형의 책이 오른쪽에 있기만 하면 된다. 실제로 책장을 정리하는 방법은 576가지이다(오른쪽에 형의 책 4권을 놓는 방법은 24가지이다. 거기에 동생의 책 4권을 왼쪽에 놓는 방법 24가지를 곱한 결과이다). 이것은 '무질서하게' 책을 정리하는 방법이 3만 9,744가지인 것과 대조적이다. 즉, 만일 무작위로 8권의 책을 뽑는다면, 확률적으로 평균 70번 중 1번만 질서 있게 정돈된다. 책이 더 많아지면 많아질수록 이 확률은 낮아진다. 따라서 아이들은 책을 보고 아무렇게나 꽂게 되고, 책장은 며칠 내에 자연스럽게 엉망이 된다. 이것은 시간의 화살을 의미한다. 즉, 시간은 아이들이 무질서하게 책장을 쓰는 방향으로 흘러간다.

이제 물컵에 잉크 한 방울을 떨어뜨렸다고 상상해 보자. 처음에는 잉크의 분자가 오른쪽에 둔 형의 책처럼 질서 있게 정돈되어 있다. 그러나 실제로 분자의 움직임은 아이들의 행동처럼 무질서하다. 물 분자 사이에서 잉크 분자는 무질서하고 점점 물속에서 균일하게 퍼진다. 그러다가 나중에 컵 한쪽에서 그들이 다시 만날 확률은 거의 없다.

내 뜨거운 커피의 분자 속에 들어 있는 에너지에서도 마찬가지이다. 뜨거운 커피가 공기와 닿으면서 더 차가워지고 분자 활동도 느려지기 때문에 뜨거운 커피 분자의 격렬한 동요가 차가워진 커피 분자에 전달된다. 따라서 잉크 한 방울을 다시 모을 수 없고, 오른쪽 책장에 형의 책을 정돈할 수 없는 것처럼 커피의 에너지도 하나로 모을 수 없다.

볼츠만은 클라우지우스의 엔트로피가 거시적 또는 전반적 상태의 확률을 측정하는 또 다른 방법일 뿐이라는 사실을 깨달았다.

예를 들어, 책장 정리의 예에서 질서라고 부르는 거시적 상태에는 576가지라는 미시적 상태의 가능성이 들어 있다. 무질서 상태에는 나머지 3만 9,744가지의 미시적 상태가 들어 있다. 따라서 질서 상태는 무질서 상태보다 더 적은 미시적 상태를 포함하고 있어서 엔트로피가 낮다. 더 자세히 알고 싶은가? 볼츠만은 엔트로피를 상태 수의 자연 로그라고 정의한다. 그리고 여기에 오늘날 볼츠만 상수라고 부르는 보편 상수를 곱한다.

엔트로피 증가는 확률이 더 큰 방향으로 진행되는데, 즉 책 배열 가짓수가 더 많은 무질서의 상황으로 이끈다. 엔트로피는 아이들의 방이나 우주에서 늘 증가하는 무질서이다. 물론 모든 것이 사라지지는 않는다. 아이들 책을 정돈하거나 물과 잉크를 분리할 수도 있지만, 여기에는 뭔가 비용이 든다. 그리고 균형을 이루기는 늘 어렵다. 천을 더럽히지 않고는 책상을 청소할 수가 없는 이치이다. 우주의 엔트로피는 우리가 무엇을 하든 늘 증가한다.

물론 앞에서 말한 샐리의 대사는 짧은 농담이지만, 정말 결혼하고 몇 년이 지나면 부부 관계가 악화하는 이유를 클라우지우스나 볼츠만의 연구에서 찾을 수 있을까를 생각하면 나도 자신이 없다. 왜냐하면, 사랑으로 벌어지는 일과 달리 제2법칙에는 예외가 없기 때문이다. 우주는 점점 냉각되고 무질서하며 균질화하고, 희망 없는 냉혹한 과정에서 소멸한다. 그러나 반대로 사랑에는 희망이 가장 마지막까지 남아 있다.

09

—

터치 금지, 접촉 따윈 필요 없어!

—

손으로 만지지 않고 연주하는 악기.

뭔가 모순적인 말이다. 러시아의 기이한 발명가이자 물리학자인 레온 테레민Leon Theremin은 러시아의 비밀 군대를 위한 정교한 전자 장치를 만드는 데 많은 시간을 보냈다. 그는 영화《007》시리즈의 '큐 박사'•를 연상시키는 인물로, 레닌과 대화하러 크렘린 궁에 들어가거나 프린스턴에 있는 아인슈타인 사무실에 가고, 뉴욕 필하모닉 오케스트라와 함께 최근 발명한 악기를 연주하기도 했다.

———

● 007시리즈의 등장인물로 정보 요원들이 현장에서 사용하는 최첨단 도구를 만든다.

발명가 테레민 박사의 이름을 딴 '테레민theremin'은 초기 전자 악기의 대표라고 할 수 있다. 이것은 두 고주파 발진기 간섭에 의해 생기는 소리를 이용한 악기로, 안테나가 달린 상자 모양을 하고 있다. 기계에서 손을 가까이하거나 멀리하면 소리의 높낮이나 크기를 바꿀 수 있다. 그 음색에는 신비롭고 미묘한 느낌 등 다양한 색깔이 있는데, 특히 으스스한 느낌이 들기도 한다(그래서 공포나 미스터리 영화에서 사용되며 성공을 거두었다). 테레민이 에테르폰ether-erphone이라는 이름을 붙인 이 악기는 아마도 신체적 접촉이 필요하지 않은 유일한 악기일 것이다. 이 악기의 연주자는 오케스트라 지휘자처럼 손을 움직여 연주하는데, 음악을 만드는 사람은 그 매력에 빠질 수밖에 없다.

에드가르 바레즈Edgar Varese와 드미트리 쇼스타코비치Dmitrii Shostakovich 같은 클래식 음악 작곡가는 금방 자신의 레퍼토리에 이 악기를 넣었다. 비치 보이스Beach Boys도 대중음악에 처음으로 이 악기를 사용했는데, 멤버였던 브라이언 윌슨Brian Wilson이 곡을 썼던 그들의 싱글 앨범 〈Good Vibrations〉에서 최고로 주목받았다. 포티쉐드Portishead 같은 트립합trip hop● 밴드들도 그것을 사용했다. 포티쉐드의 〈Dummy〉라는 앨범에 있는 노래를 한번 들어보길 바란다. 또한, 푸에르토리코 출신의 멤버로 구성된 밴드 카예 13 calle 13 같은 다양한 스타일의 음악에서도 이 독특한 악기 소리를 들을 수 있다.

● 1990년대 초반 영국에서 시작된 전자음악의 하위 장르

테레민은 인간의 몸을 마치 전자 회로의 일부처럼 사용한다. 말했던 것처럼 눈으로 보이지 않지만, 공기 중에는 전기장과 자기장이 가득하다. 연주자의 두 손은 콘덴서의 일부로 기능한다. 안테나에서 손을 멀리하거나 가까이할 때, 이 콘덴서의 속성이 변하는데, 전자적으로 소리의 높낮이와 크기를 바꾼다. 손은 보이지 않는 전기장과 상호작용하고 몸은 전류를 땅으로 운반하는 전선이 된다.

이 악기만큼이나 유명한 것이 바로 '더 씽the thing'이라는 도청 장치이다. 이것도 테레민 박사가 만들었는데, 나무로 만든 방패에 숨겨져 있었다. 7년간 그곳에서 대화를 엿듣는 장치로 걸려 있다가 1945년에 학생들이 러시아 주재 미국 대사관에 전달했다. 테레민은 장치에 손도 대지 않고 도청할 수 있었다. 이것이 바로 그의 기술이었다.

10

—

모든 것을 통합하라

—

과학의 원동력은 아마도 인간의 게으름에 있을 것이다. 여기에서 게으름은 아무것도 하지 않거나 잘못한다는 뜻이 아니라, 최소 노력에 대한 법칙을 말한다. 즉, 목표 달성을 위해서 최소한의 노력을 기울일 방법을 찾는 것이다. 과학은 가능한 한 가장 단순한 정신 모형mental model을 만들어서 그것으로 수많은 현상을 설명한다. 이것을 우리는 통합unification이라고 한다. 우리가 관찰하는 세계를 빠르게 설명하고 예측할 수 있게 해주는 상징적인 구조인 셈이다. 물론 여기에 가장 큰 공헌을 한 사람은 바로 아인슈타인이다. 그는 "이론은 가능한 한 간단해야 하지만, 지나치게 간단하면 안 된다"라고 말했다.

단 하나의 이론으로 모든 것을 설명하는 것은 과학적 만병통치약이다. 어떤 이들은 그것을 '최종 이론final theory'이라고 부르는데, 이게 있다면 과학을 영원히 사라지게 만들 수도 있을 것이다. 물론 나는 그런 최종 이론이 있다고 생각하지 않는다. 우주에는 수많은 현상이 있고, 과학을 은퇴시키는 일은 마치 호기심 많은 사람을 은퇴시키는 것과 같기 때문이다.

어쨌든, 인간 지성의 역사에서는 놀랄 만한 통합들이 나타났다. 그중 무엇보다도 전자기 이론이 가장 아름다운 통합을 보여주었다. 이 이야기는 150년 전으로 거슬러 올라간다. 그 주인공은 바로 스코틀랜드의 물리학자 제임스 클러크 맥스웰James Clerk Maxwell이다.

빛과 카메라, 행동

맥스웰은 리플렉스형 카메라를 발명한 토마스 서튼Thomas Sutton과 함께 역사상 최초로 컬러 사진을 찍는 실험을 했다. 사진가였던 토마스는 빨강, 초록, 파랑의 세 가지 다른 필터를 사용하여 카메라로 똑같은 스코틀랜드 전통무늬 리본 사진(흑백)을 세 장 찍었다. 그런 다음 이 세 장의 사진을 영사기 앞에 놓고 스크린에 비췄다. 그리고 이 세 이미지를 정밀하게 겹쳐서 하나의 상이 화면에 나타나게 했다. 이를 통해 리본에 모든 색을 다 입힌 이미지를 얻었다.

맥스웰은 1861년 왕립 연구소 수업에서 이것을 발표했다. 색을 재현하는 이 방법은 오늘날에도 변하지 않았다. 돋보기로 텔레비전 화면을 관찰해 보자. 작은 광원들이 보이는데 그 색은 딱 세 가지 빨강, 초록, 파랑이다. 맥스웰이 영사기에서 사용했던 것과 같은 색들이다. 이것은 6장 '색의 세계, 색상 수업'에서 봤던 토마스 영이 발전시킨 색의 이론을 사용한다.

그 발견이 중요하긴 했지만, 정작 맥스웰의 유명세는 컬러 사진의 발명 때문이 아니었다. 우리의 삶에 결정적인 영향을 준 진짜 이야기는 같은 해 3월에 시작되었다. 그는 오늘날 휴대전화와 텔레비전을 비롯한 거의 모든 전자제품을 사용할 수 있게 해준 논문을 발표했다. 그게 끝이 아니다. 우리는 여전히 그에게 더 많은 빚을 지고 있다. 그는 과학을 대하는 새로운 방법에도 영향을 끼쳤다. 그는 인간 지성의 위대한 총론 중 하나인 전자기 이론을 세운 은인이다. 이것은 그때부터 지금까지 만들어진 모든 물리학의 모델이 되었다.

광년의 도약
———

전자기 현상은 오랫동안 관찰되고 설명되었다. 작은 물체에 마찰을 일으켜서 전기를 일으키는 실험은 전기를 증명하는 흔한 예이다. 플라스틱 빗으로 머리를 빗고 나서 작은 종이 공을 가까이하는 실험도 마찬가지이다.

자석과 나침반은 일상에서 자기 효과를 보여주는 표본이다. 우리는 19세기에 있었던 정교한 실험 덕분에 전기와 자기가 완전히 다른 현상이 아니라는 사실을 이해하게 되었다. 처음에는 에르스텟Hans C. Oersted과 앙페르André Marie Ampère가 전류가 어떻게 자기 효과를 일으키는지 설명했고, 이후에는 헨리Josept Henry와 패러데이Michael Faraday가 자기 현상이 전기를 일으킬 수 있다는 사실을 증명했다. 이렇게 전기 발전기, 전기 모터 및 전자석 등 주요 기술이 개발되었다. 이런 모든 발전은 맥스웰에게 전기와 자기의 관계가 생각하는 것보다 훨씬 더 가까움을 보여주었다.

1861년 3월에 맥스웰의 첫 논문이 등장했는데, 이로 인해 그는 그 시대의 가장 영향력 있는 사람 중 한 명이 되었다. 그는 〈물리적 역선에 관하여On the Physical Lines of Forces〉라는 논문을 통해 과학사에서 가장 대담하다고 할 만한 제안을 했다. 즉, 빛이 전자기파의 일종이라는 주장이다. 맥스웰은 전기와 자기가 동일 대상에 대한 두 가지 표현이라고 주장했을 뿐만 아니라, 빛의 진동이 전자기장의 진동임을 증명했다. 그렇게 그는 전기와 자기 현상과 빛을 단일 이론으로 통합했다.

장(field)

우리는 학교에서 물체의 모든 쌍이 뉴턴의 법칙에 따라 중력으로 서로 끌어당긴다고 배웠다. 그러나 뉴턴의 성공에도 불구하고 그 이론에는 뭔가 이상한 게 있었다. 그 힘이 멀리에서도 작용한다는 사실이었다. 지구와 달이 40만km 떨어진 곳에서 서로를 끌어당겨, 달이 지구의 궤도를 돌고 있다는 것을 어떻게 알았을까? 멀리 있는 물체의 움직임에 영향을 끼치고, 우리가 만질 수 없는 물체에 영향을 줄 수 있다는 건 정말 놀라운 일이다.

전기와 자기 현상에 대한 첫 번째 설명은 이 논리에서 발전되었다. 맥스웰은 중개자가 있음을 증명했다. 그것은 바로 자연을 보는 뉴턴 방식을 완전히 바꾸어 놓은 전기와 자기의 '장field'이다. 물질계에는 국소화된 입자들만 있는 게 아니다. 이 이론으로 얼마 후에 과학자들은 전기력과 자기력을 전달하며 이 우주에 흘러넘치는 이 무한한 장을 인정할 수밖에 없었다.

맥스웰은 1861년 그의 논문에서 기계적 유추를 통해 그 공간을 메우고 있는 전기장과 자기장을 설명할 만한 복잡한 미시적 방법을 고안했다. 이 논문의 하이라이트는 전자기파의 전파 속도 계산이다. 그는 빛의 속도는 약 30만km/s라는 놀라운 결과를 얻었다. 그리고 즉시 "빛은 전기적·자기적 현상을 일으키는 것과 같은 매질의 파동으로 구성되어 있다고 추측할 수밖에 없다"라고 했다. 이후 논문에서는 기계적 유추가 사라지고, 전자기 상호 작용과 광학을 설명할 수 있는 간단하면서도 우아한 주인공인 전자기장만 남았다.

이 통합 내용은 20년 후 독일 물리학자 하인리히 헤르츠Heinrich Hertz의 실험으로 입증되었다. 이 독일 물리학자는 최초로 전자기파를 방출한 다음 안테나로 수신했다. 그는 이미 7장 '우리 사이에 파동이 있다'에서 논의했던 전파를 사용했다. 또한, 맥스웰이 예측한 대로 전자기파 속도가 빛의 속도로 움직임을 확인했다.

이 과학 혁명 덕분에 공중에서 전자기파 전송과 수신을 제어할 수 있게 되었다. 이 중 첫 번째 기술 응용은 이탈리아의 굴리엘모 마르코니Guglielmo Marconi가 맡았다. 그에 대해서는 37장 '라디오 스타, 마르코니'에서 더 이야기할 것이다. 마르코니는 첫 무선 전신을 발명했고 라디오는 그 이후이다. 이것은 새로운 과학 기술이 쏟아지게 된 시작에 불과했다. 이로 인해 레이더와 텔레비전, 휴대폰, 무선 조종, 블루투스 등 우리의 삶을 바꾼 수많은 발명품들이 쏟아져 나왔다.

신세계

———

맥스웰이 남긴 유산은 단지 일차원적인 기술혁명을 일으키는 데서 끝나지 않았다. 그의 이론은 물리학에서 심오한 지적 혁명을 일으켰다. 물체들 사이에 보이지 않는 공간적 실체인 '장'이 있고, 이 역동적인 물리적 객체가 자체 물리적 법칙을 따르고, 파동적 진동까지 할 수 있다는 가능성이 제기되었다. 이는 자연계를 바라보는 우리의 사고방식을 바꾸어 놓았다.

그 개념은 양자역학으로 급격히 넘어갔는데, 여기에서는 모든 것을 물질(유명한 파동 입자 이중성)과 기본 장으로 설명한다. 알베르트 아인슈타인의 상대성 이론도 맥스웰적 생각이 낳은 자식이다. 정확히는 맥스웰이 만든 전자기장 방정식의 빛의 속도에서 나온 것이다. 아인슈타인은 거기에서 영감을 얻어서 특수 상대성 이론을 발전시켰다. 이후 일반 상대성 이론에서 그는 먼 거리 중력 작용에 대한 뉴턴의 생각을 버렸다. 그리고 맥스웰의 전자기장과 매우 비슷한 '중력장'을 만들었다. 이것으로 그는 중력파의 존재를 예측할 수 있었다(노력에도 불구하고 아무도 직접 탐지하지 못했지만, 그 존재를 뒷받침하는 간접적인 증거들은 매우 많다).

맥스웰의 장과 비슷한 내용은 기본입자의 표준 모형이 구축된 20세기 후반, 과학 문헌을 가득 채웠다. 이것으로 전자기가 핵력과 합쳐졌다. 이런 통합으로 브라우–앙글레르–힉스Brout-Englert-Higgs, BEH 보손boson의 존재가 예견되었다. 이 입자는 과학자들의 노고로 50년 만에 발견되었다. 2012년 7월 4일 대형 강입자 충돌기Large Hadron Collider, LHC에서 벌어진 일인데, 이 가속기는 사람이 만든 가장 크고 복잡하고 비싼 기구이다. 가속기 자체의 길이가 27km인 원형 터널로 이루어져 있고, 양성자들의 속도를 높여서 서로 충돌하게 한 후에 그 결과물들을 살펴본다.

과학은 맥스웰의 통합 개념을 통해 수많은 성과를 거두었다. 단지 중력장만 이 개념에 통합될 수 없었다. 이것은 전자기장과 비슷한 점도 많지만, 근본적으로 다르다. 안타깝게도 여기에서 다루기에는 기술적인 차이점들이 너무 많다. 이 때문에 중력장은 자연의 모든 힘을 포함하는 통합 이론의 조건을 충족하는 표준 모델 안에 들어갈 수 없었다. 그러나 그렇다고 나쁘기만 한 일은 아니다. 아무튼, 물리학자들이 맥스웰이 일으킨 혁명 덕분에 많은 일을 앞당길 수 있게 되었다는 것은 참 신기한 일이다.

11

—

엘리베이터의 과학

—

그 남자는 계속 엘리베이터 버튼을 누른다. 누르고 또 누르고를 반복하다가 잠깐 손을 뗀다. 그리고 뒤로 물러선다. 다시 세 번 연속으로 누른다. 그리고 팔짱을 낀다. 그는 화가 났다. 엘리베이터를 향해 욕을 퍼붓는다. 다시 버튼을 누른다.

나는 신기한 듯 그를 쳐다본다. 그 남자는 예순이 넘어 보인다. 분명 그가 생전 처음 엘리베이터를 이용하는 건 아닐 것이다. 그 순간 나는 엘리베이터가 "서둘러야겠어. 이 남자 때문에 돌아버리겠어"라고 말하는 걸 상상한다.

당연한 일이다. 엘리베이터를 이용할 때 사용 설명서가 제공되지 않기 때문이다. 물론 그런 경우는 한둘이 아니다. 일상생활에서 기능들을 추측해서 사용해야 하는 물건들은 아주 많다. 전자레인지 사용 설명서를 찾거나 새로운 오디오 기기나 주전자가 어떻게 작동하는지 살펴볼 시간이 없다. 예를 들어 우리는 종종 사용 설명서를 참고하지 않고 워드 프로세스의 새 문서를 사용한다. 우리는 사실 '직관적'이고 '사용하기 쉬운'(예전에는 이것을 '바보도 사용할 수 있는 도구'라고 부르기도 했다) 소프트웨어를 더 좋다고 생각한다.

좋은 제품들이 우리와 하는 약속은 간단하다. 사용 설명서를 읽을 필요가 없고, 시행착오를 통해 신중하게 관찰할 필요가 없으며, 이전 경험을 통한 지시 없이도 프로그램을 사용할 수 있으면 된다.

이렇게 지식을 얻는 방법은 한마디로 과학적 방법이다. 이것은 많은 사람이 훌륭한 논문에 저술한 실용적 절차이다. 우리는 매일 의사 결정을 할 때 그것을 경험한다. 과학은 이 절차에 주의 깊고 체계적으로 이용될 뿐이다. 아인슈타인의 말에 따르면 "과학은 그저 일상의 생각을 가다듬은 것뿐"이다.

오르락내리락

—

모르는 현상과 처음 마주했을 때, 우리는 경험을 통해 합리적인 추측을 해야 한다. 처음에 엘리베이터를 잡는 행위는 마치 우리를 도와줄 친구를 부르는 것과 비슷하다. 그런 의미에서는 친구를 재촉하는 것처럼 버튼을 계속 누를 수도 있다. 게다가 이것을 처음 사용하는 사람이라면 그런 함정에 빠져서 계속 버튼을 누르는 게 이상해 보이지 않는다. 그건 그저 잘못된 추측일 뿐이기 때문이다. 또한 자연스럽게 할 수 있는 예측이다.

그러나 이 엘리베이터를 계속 이용하면서 이 기계가 인간의 간청과 모욕이나 끈기에 별 반응하지 않는다는 것을 경험하면 이런 희망을 접게 된다. 버튼을 한 번 누르나 열다섯 번 누르나 엘리베이터의 반응이 똑같다는 걸 알게 되기 때문이다.

우리가 이런 사실을 발견하도록 돕기 위해 엘리베이터 제조사에서는 처음 버튼을 누를 때 불빛이 들어오는 장치를 설치했다. 또한, 원하는 결과를 얻기 위해서는 약간의 힘을 줘서 버튼을 눌러야 하고 지루함도 견뎌야 한다는 걸 정확히 말해준다.

그러나 엘리베이터의 그 남자에게는 이것만으로는 충분치 않은 것 같다. 이미 불빛이 들어왔지만 계속 버튼을 누르며 심지어 엘리베이터 문에 대고 욕을 퍼붓는다. 그는 자신의 행동이 아무 의미가 없다는 것을 모르는 걸까?

아마도 그럴 것이다. 만일 그에게 질문하면, 동종요법을 하는 사람들이 별 효과가 없을 때 "해롭지는 않아"라고 말하듯, 비슷한 식으로 대답할 것이다.

마술적 사고와의 전쟁

엘리베이터 남자는 '마술적 사고magical thinking'*의 희생자이다.

물론 그렇다고 그에게 증거를 들어가며 이 사실을 말해줄 필요는 없다. 어쨌든 이런 경우엔 해결 방법이 간단하다. 앞으로 6개월간 엘리베이터를 이용할 때마다 그 안에서 지체되는 시간을 초시계로 재보기만 하면 된다. 엘리베이터를 탈 때마다 절반은 버튼을 한 번만 누르고 나머지는 원래대로 여러 번 누르면 된다. 결론적으로 두 경우 모두 대기 시간을 비교해보면 차이가 없다는 것이 드러난다(단, 늘 약간의 변수는 있기 마련이다. 왜냐하면, 어떤 실험이든 지속적인 행동에서 변수가 발생하기 때문이다).

하지만 그런 결과가 나와도 그 남자는 아마 오랫동안 해오던 대로 할 것이다. 마술적 사고가 그런 행동을 계속하게 만들기 때문이다. 아무튼, 이런 사고는 인간 생물학의 어딘가에 정박해 있는 것 같다. 우리 자신만 봐도 이런 사실을 잘 알 수 있다. 우리 중 가장 이성적인 사람조차도 음료수 자판기에 대고 욕하거나, 부정 타지 말라고 빌거나, 혼자서 사소한 비이성적인 내기를 한다. 이런 불합리에 대한 싸움 걸기는 우리 모두의 안에서 계속해서 일어난다. 이미 많은 사람이 엘리베이터 버튼에 손을 떼지 않는 그 남자처럼 이 전쟁에서 일찌감치 패배했다.

실제로 엘리베이터 남자의 상황은 갈수록 악화한다. 어느 혁신자가 엘리베이터 버튼을 2개 만들었기 때문이다. 화살표 하나는 위를 가리키고 다른 하나는 아래를 가리킨다. 물론 보통은 이것

● 마술(주술)이 효과가 있다는 전제로 사물을 생각하거나 문제가 있을 때 합리적인 노력이 부족한 채로, 마술과 유사한 행동에만 따라 해결해 버리려는 사고

덕분에 움직이는 시간과 에너지를 절약할 수 있다. 위로 올라가는 엘리베이터는 아래 방향의 버튼을 누르는 사람들을 위해 멈추지 않기 때문이다. 그러나 혁신자들은 엘리베이터 남자와 그의 많은 이웃이 변함없이 위아래 버튼을 모두 다 누르는 것에 대해 별로 신경 쓰지 않는 것 같다. 그래서 올라가던 사람들이 쓸데없이 멈추게 될 뿐만 아니라, "내려가세요?"라고 물어보는 피곤한 소리를 별수 없이 견뎌야 한다.

이것은 미디어에서 보이는 익숙한 사고방식이다. 대지진 이후 우리가 접한 많은 정보만 봐도 알 수 있다. 이것들은 비합리의 전투에서 패한 몇몇 사람들의 마술적 사고에서 나왔다. 타블로이드판 신문과 아침 신문, 통신원들은 깜짝 놀랄 만한 마술적이고 감각적인 설명의 유혹에 빠졌다.

지진이 태양 폭풍이나 주변 온도 상승과 상관있다고 생각하는 건, 버튼을 많이 누르면 엘리베이터가 더 빨리 올 거라 생각하는 것과 비슷하다. 태양 활동과 그 순간의 온도를 포함한 지진들의 목록을 작성한다면 태양이나 온도가 지진과 아무 관련이 없음을 확인할 수 있을 것이다. 또한, 엘리베이터를 재촉하며 기다리는 수다쟁이들을 잘 관찰해 보면 버튼을 누르는 횟수와 엘리베이터 도착 시간 사이에도 아무런 상관관계가 없음을 금방 알 수 있다.

교양 있는 판단

과학적 방법은 딱 하나가 아니다. 여러 대안을 제시할 수 있기 때문이다. 우리가 매일 마술적 사고와의 싸움에서 지는 것만큼이나 때로는 이성적 사고가 이기고 그 방법을 적용하는 순간도 많다. 예를 들어, 아이들을 학교에 빨리 데려다주기 위해 매일 아침에 가는 길을 결정할 때 그렇다. 이 문제에서 우리는 암과 같은 과학적 문제를 해결하려는 연구가처럼 행동한다. 증거들을 관찰하고 가설을 세우며, 실험을 통해 처음 세운 가설이 타당한지, 아니면 폐기해야 할지 결론을 내린다.

이것은 복잡한 과학 이론뿐만 아니라 엘리베이터의 경우에도 마찬가지이다. 만일 버튼을 누르는 시간과 상관없이 엘리베이터 평균 대기 시간이 같다면, 버튼을 한 번만 눌러도 충분하다는 결론을 내리는 게 당연하다. 어떤 가설을 세워도 결과는 마찬가지이다. 하지만 시간이 흘러서 혹시 효과나 유용성이 나타나더라도 실험이 검증되지 않으면, 그것을 단념해야 한다. 이런 조화롭고 겸손한 행동은 과학적 사고의 핵심이다.

나는 엘리베이터의 남자를 보면서, 사람들이 내가 대체의학의 효용을 받아들이지 않는다고 융통성 없다고 했을 때나, 지진의 원인에 대해서 떠드는 말도 안 되는 소리를 들었을 때와 같은 기분이 들었다.

이처럼 과학적 방법은 단지 과학자가 되기 위해 필요한 것이 아니다. 과학적 방법은 험한 말로 욕하는 사람보다 엘리베이터를 더 잘 다룰 수 있게 도와준다. 또한, 실험이나 관찰을 통해 편견을 없애는 데도 도움이 된다. 결론적으로 과학적 방법은 과학 이론을 잘 익힐 수 있게 할뿐만 아니라, 일상생활에서 교양 있는 행동을 하는 데 도움이 된다. 분명 이것은 모든 사람에게 해당한다. 어찌 되었든 그 남자는 일상생활에서 무생물인 엘리베이터뿐만 아니라 다른 것에도 욕을 할 가능성이 높다.

12

—

DNA의 빛

—

유전 법칙 때문에 나의 본모습이 드러날 때가 있다. 나에게는 여러 유전 요소들이 있는데, 우리 아이들이 하는 반응을 보면 나랑 너무 비슷하다. 지금 내 차를 타고 가는 아이들이 지루하다고 불평을 한다. 룸미러로 보이는 아이들의 얼굴 속에 내 고민도 보인다. 나는 바닥에서 오래된 시디를 주워서 딸에게 주었다. 나는 "마르티나, 여기 뭐가 보이니?"라는 질문에 "아빠, 색깔이 많아요!"라고 대답하는 딸아이가 아주 자랑스럽다.

순간 어린 시절에 〈문도 84Mundo 84〉라는 텔레비전 프로그램을 보며 놀랐던 기억이 떠올랐다. 이 프로그램에서 신문기자인 에르난 올긴Hernán Olguín은 미래의 과학 기술이 될 콤팩트디스크CD를 보여주었다. 흰 가운을 입고 안경과 장갑, 마스크를 쓴 과학자가 은빛이 나는 그 작은 디스크를 조심스럽게 집어 들었다. 나는 거기에서 반사되어 퍼지던 묘한 무지갯빛이 너무 인상적이었다. 그때 올긴은 몇 년만 있으면 음악이 분명 이런 형태로 상업화될 거라고 말했다. 하지만 지금은 그의 예상을 한 단계 더 뛰어넘어 시디는 자동차 바닥에서 더럽혀지고 긁힌 채로 나뒹구는 신세가 되었다.

엄청난 과학 기술로 인정받던 시디의 시대는 갔다. 그러나 이것이 자연의 아름다움 정도까지는 아니지만, 호기심을 불러일으키는 대상이긴 하다. 옆에 있던 알렉스가 바로 그 사실을 증명했다. "아빠, 왜 여기에 이런 색이 보이는 거예요?"

나는 뭐라고 대답해야 할지 잘 떠오르지 않았다. 질문은 간단한데, 대답은 그렇게 간단하지 않았다. 그러나 이것은 가장 놀라운 과학 이야기 중 하나인 DNA 구조, 즉 생명 분자의 발견과 관련이 있다. DNA처럼 시디도 디지털 형식으로 수많은 정보를 전달하고 별 어려움 없이 복제할 수 있기 때문이다. 게다가 둘 다 빛을 반사해서 그 안에 복잡하게 얽힌 것들을 관찰하면, 아주 작은 우주 이야기가 드러난다.

시디의 색깔

시디에서 나오는 매력적인 색깔들은 그 안에 있는 미세 구조를 나타낸다. 빛이 반사되는 방식을 보면 인쇄된 홈의 크기와 형태를 재구성할 수 있다. 이런 현상은 결정체와 분자체의 현미경적 지형을 드러낸다. 이런 기술을 이용한 가장 중요한 예가 바로 DNA 구조의 발견이다.

예전 비닐 레코드처럼 시디도 펼치면 5km가 넘는 긴 나선형이고, 거기에 정보가 찍혀 있다. 홈들 사이의 간격은 거의 1.6미크론(미크론μ 또는 마이크로미터μm로 약칭)이다. 평균 크기의 박테리아 두 마리를 끼워 넣으면 들어갈 크기라서 육안으로 관찰할 수는 없지만, 이곳에는 시디 위 무지갯빛의 비밀이 숨겨 있다.

우선 빛을 전자기장에서 부드러운 물결인 파동으로 설명할 수 있다는 것을 기억해야 한다. 이 파도의 마루와 마루 사이의 거리(파장)는 순색마다 다르다. 가장 긴 것이 빨간색으로 0.7미크론 정도 되고, 가장 짧은 보라색은 0.4미크론(7장 '우리 사이에 파동이 있다'에서 더 자세히 살펴보자. 거기에서는 파장을 나노미터nm 단위로 측정하는 반면, 여기서는 미크론 난위로 측정했다. 1미크론은 1,000나노미터와 같다.) 정도 된다. 빛이 자기 파장과 비슷한 미세한 장애물과 상호작용할 때, 파동 특성이 감지되고, 특별한 일들이 일어난다. 시디에서 빛은 파장의 2배가 조금 넘는 간격으로 떨어진 홈들에서 튀어나오고, 광선은 아이들이 지금 즐기고 있는 수많은 빛깔을 만들어낸다. 여기에서는 6장 '색의 세계, 색상 수업'에서 설명한 프리즘과 마찬가지로 각 색이 다르게 움직인다. 따라서 백색광을 비추면 그 안에 들어 있는 구성 요소들이 각각 다른 각도로 나타난다. 그런 현상을 바로 회절diffraction이라고 한다. 빛이 나오는 정확한 형태는 그것을 발생시킨 미세한 세계의 흔적이다. 따라서 전문가는 300년간의 이론과 좋은 컴퓨터로 그것을 재구성할 수 있다.

이 현상은 자연에서도 관찰된다. 나비나 딱정벌레 같은 일부 곤충과 일부 새와 물고기들 중에서도 이런 색이 나타난다. 그들은 육안으로 쉽게 볼 수 없는 작은 비늘을 갖고 있다. 그 비늘의 내부 구조는 가시광선의 파장에 들어맞는다. 따라서 무지갯빛으로 반짝이게 되는데, 이것은 우리가 관찰하는 각도에 따라서 변한다. 오팔 같은 광석도 마찬가지이다.

브래그 부자(父子)

━━

아들은 나에게 어떻게 하면 물고기 비늘을 볼 수 있는지 물었다. 나는 비늘이 그렇게 작은 건 아니라서 좋은 현미경으로 볼 수 있다고 대답했다. 간접적으로는 빛이 반사하는 형태를 분석하면 이 작은 구조의 특징을 추론해볼 수 있다.

예를 들어, 시디 안에 있는 무지갯빛만 보고 시디에 패인 홈들 사이의 거리가 가시광선 파장에 들어맞는다는 걸 알 수 있다. 신중하게 관찰하고 계산하면 정확한 크기도 알 수 있다. 이것은 과학이 빛처럼 우리에게 도달하는 대상을 통해 어떻게 무한한 우주의 속성들을 추론할 수 있는지를 보여주는 특별한 예이다. 나비 날개의 아름다움은 우주의 아름다움과 똑같다. 다만 아주 작을 뿐이다. 그 미세한 구조가 우리 눈에 색채로 드러난다.

그러나 원자와 분자처럼 옛날 현미경으로는 보이지 않을 만큼 작은 크기도 있다. 예를 들어 소금 결정체는 나트륨과 염소 원자로 구성되어 있다. 원자는 완벽하게 정렬되고 규칙적인 3차원 구조를 형성한다. 이 원자들 간의 간격은 시디 홈들 간의 간격보다 약 만 배 이상 작다. 이런 배열 구조도 빛을 반사하지만, 우리는 어떤 무지개색도 볼 수가 없다. 사실, 소금 결정체에서는 그 색을 볼 수가 없다. 왜냐하면 가시광선의 파장은 그 간격에 비해 매우 크기 때문이다.

영국인 윌리엄 헨리 브래그William Henry Bragg와 윌리엄 로렌스 브래그William Lawrence Bragg는 부자 관계로 20세기 초에 결정체에 빛을 비추는 기술을 고안해, 광선이 반사되는 각도를 관찰함으로써 각종 물질의 결정 구조를 알아낼 수 있었다.

이 경우에는 가시광선이 유용하지 않기 때문에 브래그 부자는 이 구조를 밝히기 위해 다른 형태의 빛을 사용했다. 이것은 원자와 분자의 거리와 비슷한 파장을 가진 빛이다. 이 빛은 X선으로 알려져 있고 우리 눈에 보이지 않는다. 결정체 위에 X선을 비추면 다중으로 회절하는데, 시디에서 반사되는 가시광선과 비슷한 원리이다. 사진판에서 그것을 포착하면, 분석하고 있는 분자나 결정 속 원자의 구조를 추론할 수 있다.

브래그 부자는 이 업적으로 1915년 노벨 물리학상을 공동으로 수상했다. 그 당시 아들인 윌리엄 브래그의 나이는 겨우 25세로 수상자 중 최연소였다. 이것을 보면 아버지의 과학적 천재성이 아들의 DNA에 전달되었을 가능성이 높다.

왓슨과 크릭, 윌킨스, 그리고 프랭클린

1953년 4월 25일 윌리엄 로렌스 브래그는 영국 케임브리지 대학교의 캐번디시 연구소 책임자였다. 그날 〈네이처Nature〉 잡지에는 그 연구소의 뛰어난 두 청년, 제임스 왓슨James Watson과 프랜시스 크릭Francis Crick이 데옥시리보핵산이라고 불리는 DNA의 구조를 증명한 연구가 실렸다. 이 이중나선 구조는 이미 유명한 아이콘이 되었다. 각 세포(조 단위 이상) 속에는 동일한 DNA의 사본이 들어 있는데, 여기에는 종種이나 개체로서의 우리를 특징짓는 유전 정보가 들어 있다.

제임스 왓슨과 프랜시스 크릭은 DNA의 분자구조 해명 및 유전정보 전달 연구로 모리스 윌킨스Maurice Wilkins와 함께 1962년 노벨생리의학상을 받았다. 내가 이 상을 함께 나누었으면 좋았을 거라 생각하는 사람이 있다. 바로 로절린드 프랭클린Rosalind Franklin이다. 그녀는 과학 역사상 가장 부당하게 대우를 받은 여성 중 한 명이었는데 상을 받기 4년 전에 사망했다. 영국의 생물 물리학자였던 그녀는 브래그 부자의 이론을 바탕으로 DNA 구조를 밝히기 위해 X선 촬영에 몰두했다. 이 작은 분자들에 반사된 X선은 사진판에 영원히 남게 되었는데, 그 당시 가장 정확하고 명확한 것이었다. 특히 그녀는 특별한 사진을 발견하고 51번이라는 숫자를 붙였다. 그러나 왓슨과 크릭은 그녀의 허락 없이 그것을 사용했다. 또한, 그 사진을 통해 인류 역사상 가장 위대한 발견 중 하나를 발전시켜나갈 중요한 영감을 얻었다고 고백했다.

유전학과 음악

마이클 잭슨의 노래 〈Thriller〉는 1억 장 이상의 레코드 판매 기록을 세웠다. 그러나 만약 1명의 사람을 레코드판처럼 똑같은 유전형질을 가진 10억 명의 사람으로 복제한다면 고인이 된 팝 황제의 얼굴도 붉으락푸르락하며 빨개질 것이다. 인간의 모든 복제는 부모의 정자와 난자가 수정되었을 때 형성된 원시 세포에서 이루어진다. 이보다 더욱더 놀라운 사실은 우리에게 있는 많은 유전자가 수백만 년 전에 우리 조상들이 가지고 있었고, 치열한 진화 전쟁에서 성공한 유전자들의 정확한 복제물이라는 것이다.

어떻게 세포 분열에서 이렇게 정확하고 많은 세포 복제물을 얻을 수 있는 걸까? 물론 그런 과정에서 적잖은 오류도 있었다. 우리는 그것을 돌연변이라고 부르는데, 이것은 자연 선택과 진화의 뿌리이다.

이런 복제의 정확성은 시디의 정확한 복제 방법과 비교할 수 있다. 시디의 긴 홈에는 연속된 약 50억 개의 0과 1이 들어 있다. 이런 연속적인 배열을 통해 〈Thriller〉 음반을 놀랍도록 정확하게 인코딩(정보의 형태나 형식을 변환하는 처리나 처리 방식)할 수 있다. 그리고 이후 재생기가 이것을 소리 형태로 변환시킬 수 있다. 핵심은 수많은 0과 1의 복제가 아주 쉽다는 사실이다. 연속적인 돌기(홈), 즉 비트에 따라 이렇게 딱 두 가지(0, 1)만 있기 때문이다. 따라서 수십억 개도 복제할 수 있다. 기계가 이 일을 빠르고 안정적으로 수행하면 정확한 복제물이 나온다. 이런 방법으로 우리는 원본 레코드판의 믿을만한 복제물을 세상에 늘릴 수 있다. 이것이 바로 디지털 기술의 큰 장점이다.

그러나 그림은 이렇게 똑같이 복제할 수 없다. 각 부분에 서로 다른 색상과 질감이 무한하기 때문이다. 지금으로서는 스페인의 화가 디에고 벨라스케스의 작품 〈시녀들Las Menina〉과 완전히 똑같은 복제품을 만들 수가 없다. 만일 복제품의 복제품을 만들면, 진짜에서 더 멀어지게 된다. 그림은 아날로그 기술이기 때문이다. 그렇게 하면 처음에는 눈에 띄지는 않아도 원본에서 조금씩 단계적으로 멀어지기 때문에 시간이 흘러 누적되면 결국 티가 난다(물론 프린터 및 3D 스캐너의 기술이 더 발달하면 곧 디지털화하여 그림을 재현할 수 있을 것이다. 그러나 이 글을 쓰는 지금까지는 대중화된 기술이 아니다).

반면에 0과 1을 교환하는 일은 범주에서 벗어나지 않는 과정이다. 이것이 바로 디지털 정보 복제의 안정성과 정확성의 기초이다.

끊임없이 전달되는 유전자

유전 정보 또한 디지털이며, 거기에는 오랜 지구의 역사 동안 사람 사이에 전해지며 각 사람 안에서 대량으로 복제할 수 있는 탁월한 안정성과 정확성의 비밀이 들어 있다. 그 열쇠는 바로 X선으로 밝혀진 구조에 있다. 나선형의 긴 가닥에는 자릿수처럼 작동하는 일련의 분자들이 들어 있다. 여기에는 문자 A, T, G 및 C로 알려진 네 가지 유형이 있다. 인간의 유전 물질은 30억 개의 이런 문자들로 구성된다.

세포 복제의 비밀은 왓슨과 크릭이 발견한 이중 나선 구조에 있다. 각 가닥에는 매우 비슷한 다른 가닥이 붙어 있다. A 앞에는 늘 T가, G 앞에는 늘 C가 있는 형태로 결합한다. 따라서 두 가닥은 지퍼처럼 분리될 수 있고, 세포 기계cellular machinery는 각 반쪽에서 완벽한 DNA를 만들어내는 데 전혀 문제가 없다. 위에서 설명한 대로 '문자들'을 일치시켜서 두 번째 가닥을 붙이기만 하면 된다. 그렇게 유전 정보는 아주 유명한 디스크처럼 정확한 형태로 퍼져나간다.

우리의 경우는 유전 암호가 복제된다. 하나는 아버지에게, 또 다른 하나는 어머니에게 빚지고 있는 셈이다. 또한 자녀들이 우리의 절반 유전자를 정확히 복제했더라도, 우리의 완벽한 복제품은 아니라는 것을 의미한다.

내 아이들은 지루한 여정이 끝나가자 기뻐했다. 아이들은 이미 할아버지 할머니 댁 마을의 집과 나무들을 알고 있다. 어느새 시디는 다시 바닥에 떨어져 있었다. 나는 시디를 한번 쳐다보고 아이들의 미소를 바라보았다. 그들 속에서 나의 벌어진 이와 눈썹이 보인다. 이것은 내가 전달한 유전자들이다. 지구상에 살아 있는 종의 유전자처럼, 생존 전쟁에서 승리한 사람은 지구상에서 수십억 년의 진화가 계속되는 동안 끊임없이 복제되었다.

13

—

초콜릿과 지구 온난화

—

끝이 보이지 않던 금요일을 보낸 후 피곤해 힘도 없고 기분도 안 좋았던 나는 재킷 주머니에서 행복의 조각을 발견했다. 분명 에콰도르산 초콜릿(카카오 85%)을 다 먹었다고 생각했는데, 이렇게 힘이 필요한 절박한 순간에 여기에 작은 조각이 숨어 있을 줄이야!

초콜릿이 독특한 제품이 될 수 있는 첫 번째 특징은 바로 입에서 녹는 방법이다. 코코아 버터는 실온에서 고체이지만 체온보다 조금 낮은 35도에서 녹는다. 또한, 고체에서 액체가 되기 위해서는 일정량의 열을 흡수해야 하는데, 이것이 1장 '맥주가 당기는 날'에서 말한 잠열潛熱이다. 좋은 초콜릿에서 느낄 수 있는 신선함이 여기에서 나온다.

또한, 여기에는 많은 설탕이 들어 있다. 인간은 거의 모든 동물처럼 진화론적으로 탄수화물을 좋아하도록 설계되었다. 탄수화물 분자 속에는 에너지가 상당히 많이 들어 있는데, 다행히도 우리 몸은 그 사용법을 알고 있다. 그리고 다른 생물들처럼 유전 물질을 영속시키는 모든 것이 우리에게 기쁨을 준다. 그래서 생물학적 우월성에 집착하는 나는 초콜릿을 먹는다.

이 초콜릿 조각에 들어 있는 243칼로리는 내 몸이 그것을 소화하면서 사용할 수 있는 에너지의 양을 나타낸다. 이 음식물 속에는 세 가지 기본 분자들인 단백질, 탄수화물, 지방의 화학적 결합물이 들어 있다. 단백질과 탄수화물은 1그램당 4칼로리가, 지방은 9칼로리가 들어있다. 각 칼로리는 100와트의 전구를 40초 동안 소모할 때 필요한 에너지와 같다. 초콜릿에서 그 에너지를 추출하기 위해서 세포에서는 이화작용catabolism●이라는 일련의 화학반응이 일어난다. 이 과정의 필수 성분 중 하나는 우리가 호흡하는 산소이다. 그리고 최종 생성물은 그것을 위해 사용한 에너지 외에 나중에 배출되는 물과 이산화탄소CO_2이다.

따라서 초콜릿 섭취는 일상생활에서 대기 중으로 배출되는 이산화탄소량인 탄소 발자국carbon footprint(어떤 주체가 일상생활을 하는 과정이나 영업을 하는 과정에서 얼마나 많은 이산화탄소를 만들어내는지를 양으로 표시한 것)에 기여한다. 그렇다고 걱정할 필요는 없다. 다소 체면이 구겨지긴 하지만, 우리 폐에서 방출하는 이산화탄소는 이 땅에서

● 생물의 조직 내에 들어온 물질이 분해되어 에너지원으로 사용되는 일

벌어지는 삶의 게임에서 꼭 필요한 부분이다. 샴페인 거품으로 생기는 가스를 어떻게 나쁘다고 할 수 있겠는가?

무엇이든 문제는 과잉에서 시작되는 법이다.

식물 메커니즘

—

태양은 우리가 사용하는 거의 모든 에너지의 근원이다. 그 외 원자력과 지열 및 조수 에너지 등은 에너지 예산에서 아주 적은 부분을 차지한다. 수력 발전 에너지도 태양에서 발생하는데, 태양열로 물이 증발해서 상승하고 그 물이 산에서 떨어짐으로써 발전기 수차를 돌려 에너지를 제공한다. 석유와 석탄 또는 가스 에너지가 태양에서 나온다는 것도 분명해 보이지 않지만, 사실이다. 그것은 앞으로 살펴볼 것이다.

실제로 태양은 우리에게 필요한 것보다 훨씬 더 많은 에너지를 준다. 현재 비율로 볼 때, 대기는 하루 만에 수 세기 동안 인류가 소비할 수 있는 전기 에너지와 같은 양의 태양 복사열을 받는다. 그런데 문제는 생산이 아니라 분배다. 그 에너지를 저장하고 필요로 하는 곳으로 가져가는 방법이 중요하다.

지구 에너지의 가장 많은 저장과 분배는 식물에서 일어난다. 물론 이 초콜릿을 만든 중요한 원료인 카카오에서도 그런 일이 일어난다. 식물에는 광합성이라고 부르는 특별한 에너지 변환 시스템이 있다. 즉, 식물은 태양 에너지와 땅에서 나온 물, 공기 중의 이산화탄소를 사용하여 에너지가 가득한 맛있는 분자들을 만들어낸다. 그 결과 녹색 잎에서 자연 배터리가 만들어진다. 그리고 부산물로 산소를 방출하는데, 정확하게 우리 폐에서 초콜릿을 에너지로 전환하는 데 필요한 기체이다. 어떤 의미로 광합성은 이화작용의 반대 과정이다. 그리고 이 둘은 생태계에 조화롭게 공존한다.

광합성은 오스트리아의 황후 마리아 테레사María Teresa의 주치의인 얀 잉엔하우스Jan Ingenhousz가 발견했다. 그는 1768년에 왕가의 천연두 백신 접종 성공으로 명성을 얻었다. 그는 정교한 실험을 하느라 많은 시간을 쏟았는데, 실험 중 가장 유명한 것은 빛이 식물의 산소 생산에 중요한 요소임을 증명한 것이다. 이미 그는 뒤집힌 병 안에 있는 쥐가 오래 살아남을 수 없다는 것을 알았다. 그 안에서는 산소를 마실 수 없기 때문이다. 하지만 쥐 옆에 식물을 두면 쥐가 죽지 않을 거라는 것도 알고 있었다. 그는 이것이 단지 빛이 있을 때만 가능하다는 것을 증명했다. 어둠 속에서 쥐는 더 빨리 죽는데, 이러한 환경에서는 식물도 쥐처럼 산소를 소비하기 때문이다.

식물 메커니즘은 인상적이다. 나뭇잎 위에 닿는 복사열의 1~8%(사탕수수와 관련해 이 기록이 있음)가 화학 에너지로 바뀐다. 태양전지판은 이 효율을 훨씬 초과해 약 45%까지 도달할 수 있지만, 아직은 인공적인 방법으로 에너지를 얻는 건 너무 비싸다. 저장된 에너지 단위당 비용을 생각하면, 식물의 효율성만 한 게 없다.

이산화탄소와 지구의 담요

식물에서 생산되는 지방과 탄수화물이 모두 영양가가 있는 건 아니다. 나무 조각을 먹으면(나무도 탄수화물이지만) 배고픔을 달랠 수 없고, 나무 막대기가 그대로 소화 기관을 통과한다. 그러나 나무 속에 있는 에너지는 집을 따뜻하게 하는 땔감으로 사용할 수 있다. 바이오 연료인 셈이다.

인간의 이화작용과 아주 비슷한 작용이 굴뚝에서도 벌어진다. 장작은 물과 열, 이산화탄소(안타깝게도 다른 독성 오염물질도 포함)로 바뀐다. 이 과정에서 생기는 탄소 발자국은 매우 크지만, 이것이 나중에 재조성될 숲에 도움이 될 거라면 적어도 탄소 발자국에 대한 문제는 없다. 무슨 말일까? 더 많은 장작을 만들 수 있는 새로운 나무가 굴뚝에서 나오는 이산화탄소를 사용하기 때문이다. 마찬가지로 초콜릿 에너지를 사용할 때 뿜은 이산화탄소는 더 많은 카카오 재배에 사용될 것이다. 이렇게 우리는 생태계와 늘 손을 잡고 있다.

바이오 연료의 문제점은 에너지를 사용해 대기 중에 탄소를 방출하는 그 식물을 늘 심는 게 아니라는 사실이다. 이미 수많은 숲이 사막으로 변했다. 수억 년 전에 살았던 식물이 광합성으로 얻은 에너지를 오늘날 우리가 사용할 때 상황은 더 악화한다. 즉, 그런 에너지는 가스와 석탄, 석유와 같은 화석연료로 변해서 땅속 깊이 들어 있다. 이런 과거의 흔적들은 우리에게 가장 많은 에너지를 제공하고, 따라서 가장 큰 이산화탄소 배출 원인이 되기도 한다.

그렇다면 이산화탄소의 문제는 무엇일까? 이것은 지구 온난화의 원인이다. 모든 뜨거운 물체는 복사열을 방출하고 냉각되며, 지구도 마찬가지이다. 지구 온도는 흡수된 태양 에너지가 외부 공간으로 방출되는 것과 똑같을 정도로 안정적이다. 단, 후자는 적외선에 해당하는 파장이기 때문에 우리 눈에 보이지 않는다. 건조한 대기는 태양의 가시광선에는 투명하지만, 적외선에는 수증기와 이산화탄소가 함유되어 있어서 덜 투명하다. 그런 현상을 온실효과라고 하는데, 지구의 담요처럼 적외선 복사열 방출을 방해해 대기 온도를 높인다.

그러나 이 담요는 매우 중요하다. 이것이 없으면 지구는 생활할 수 없을 정도로 추운 곳이 될 것이다. 그러나 반대로 담요가 너무 두꺼우면 그 온도가 생태계를 위협하는 수준까지 올라갈 수 있다. 지난 50년간의 지구 온도의 상승은 인류가 화석연료에서 나온 탄소를 대기 중으로 방출한 결과라고 전 세계 기후 전문가들은 입을 모으고 있다.

초콜릿의 탄소 발자국

안타깝게도 우리가 이 초콜릿을 먹을 때 카카오가 광합성을 한 탄소만 배출하는 것이 아니다. 칠레로 카카오를 들여온 배에서 탄소를 배출하고, 원자재를 공장으로, 그리고 내 손으로 옮기기까지 필요한 운송 수단에서도 탄소를 배출한다.

또한, 포장지를 만들 나무를 자를 때에도 발전소에서 석탄을 태웠다. 그리고 공장에서 카카오 버터를 녹일 때도 가스를 배출했다. 그래서 내가 좋아하는 에콰도르산 초콜릿을 먹을 때, 내 책임인 탄소 발자국은 내가 초콜릿 하나를 소화하려고 내뱉은 탄소량보다 훨씬 크다.

안타깝게도 우리가 생태계의 위험을 인식하고 있더라도, 이산화탄소 배출량을 줄이기 위해 할 수 있는 일은 많지 않다. 화석연료도 현재 완전히 다른 것으로 대체하기는 어렵다. 또한, 많은 사람이 더 발달한 세상에 살고 싶어 하는 한, 그 상황은 더 악화할 수밖에 없다. 진정한 해결책은 기술혁명에 있다.

예를 들어, 이산화탄소가 귀중품이 되는 세상, 즉 이산화탄소가 초콜릿뿐만 아니라 자동차의 생산 에너지를 만드는 거대한 인공 설탕 공장의 주원료가 된다고 상상해 보자. 아마도 농업에서는 이산화탄소를 많이 소모하고 배출하도록 유전 조작된 식물 종을 키울 것이다. 아니면 반대로 태양 전지판 비용이 낮아져서 석유와 가스 또는 석탄 이용이 경제적으로 현실성이 떨어지는 활동이 되는, 그러한 새로운 세상이 될 수도 있다.

결국, 과학과 기술은 모든 인간이 죄책감 없이 초콜릿을 먹을 수 있는 유토피아 쪽으로 우리를 이끌고 나갈 것이다.

14

—

백신은 과학적으로 안전한가요?

—

비합리적인 두려움이든 종교적 이유나 단순한 무지 때문이든 이
제까지 예방접종 반대 운동은 항상 있었다. 한마디로 백신이 위험
하다는 주장이다. 인간이 만든 것 중 이렇게 논란이 되는 것도 많
지 않다. 지난 수년간 예방 접종의 최전방에 있던 악당은(여전히 오
랜 토론 중인) 티메로살thimerosal인데, 이것은 면역화 액체를 담고 있
는 플라스크 내부의 곰팡이와 박테리아의 증식을 막는 데 사용되
는 방부제이다.

　누군가는 내가 과장해서 말하고 있다고 할 수도 있다. 또한 그
들도 백신 자체를 반대하는 건 아니라고 주장할 수도 있다. 한마
디로 티메로살이 독성 물질이고 이것을 입증할 논문도 많으며, 따

라서 자녀들의 건강을 위해 의사들을 포함한 국회의원들이 하는 실험실 사찰은 당연하다고 주장할 것이다.

그러나 안타깝게도 그것은 사실이 아니다. 이것은 나쁜 과학과 나쁜 언론 및 기득권에 대한 오래된 이야기이다. 이런 반대 운동 때문에 우주의 모든 티메로살보다 훨씬 더 큰 피해가 생겨났다.

백신 접종이 자폐증을 유발한다는 캠페인은 1998년 2월 의사인 앤드루 웨이크필드Andrew Wakefield가 이끄는 한 영국 연구원 그룹이 저명 의학저널 〈랜싯The Lancet〉에 실은 논문에서 시작되었다. 그러나 여기에서는 티메로살이 전혀 언급되지 않았다. 3가 백신(홍역, 유행성 이하선염 및 풍진)만이 도마 위에 올랐다.

웨이크필드는 논문에서 이 협회가 증명할 수 없었던 증거들을 조심스럽게 입증하다가, 나중에는 백신 사용을 중단하는 강력한 미디어 캠페인을 벌였다. 그는 세 가지 백신을 함께 투여하면 위험하기 때문에 각각 따로 맞아야 한다고 주장했다.

오늘날 이 논문은 과학 사기의 고전으로 간주된다. 이 논문은 이후 정보 조작, 환자 학대, 이해 갈등과 같은 과학 윤리 결여 등의 문제로 2010년 공식적으로 〈랜싯〉에서 철회되었다. 웨이크필드가 3가 백신에 반대하는 캠페인을 시작하기 직전에 홍역에 대한 새로운 백신 특허를 처리했기 때문이다. 또한, 12명의 환자 중에 11명이 약사들을 상대로 소송을 제기했는데, 그중 몇 건은 논문이 출간되기도 전에 시작되었다. 웨이크필드는 일부 소송들의 대가로 많은 돈을 받았다는 비난을 받았다. 이 논문의 많은 공동 저자들은 자신들의 해석을 공개적으로 철회했다. 결국, 웨이크필드는 그 일에서의 부정직한 행동과 권력 남용으로 기소되었고, 영국에서는 의료행위 면허증도 취소당했다.

물론, 일부 음모론자들은 큰 제약 회사의 힘에 의해 이 모든 것이 조작되었다고 주장할 수도 있을 것이다. 이에 대해 크게 두 가지로 반박할 수 있다. 첫째는 모든 대기업에 나쁜 관행만 존재하는 건 아니라는 사실이다. 두 번째는 웨이크필드가 사기성 의도가 없었더라도, 그의 연구 통계는 분명 의심스럽다는 점이다. 그는 대조군도 없이 고작 12가지의 사례만 다루었다. 병원에 있는 자폐 아들이 염증성 장 질환Inflammatory bowel disease을 앓고 있었고, 이들 모두 3가 백신을 맞았다. 하지만 이것은 런던이라는 거대 도시에서 충분히 동시에 일어날 수 있는 일이다.

그 논문은 분명 너무나 부족했다. 그런데 어떻게 영국 의학저널인 〈랜싯〉에 실릴 수 있었던 걸까?

오류의 과학

　

많은 사람은 편집위원회와 동료 심사를 통해 전문 저널에 발표된 과학 기사가 늘 정확할 것이라 생각한다. 이는 잘못된 생각이다. 실제로 정확하지 않은 내용이 담긴 과학 기사도 많이 발표된다. 일부 조사에 따르면 많은 출판물에 문제가 있었다. 상상도 못 할 일이다. 지금 우리는 과학에 관해서 이야기하고 있다. 하지만 모든 게 절대적으로 과학적인 건 아니다.

이 말을 이해하기 위해서 과학 기사가 얼마나 나쁜지 살펴보도록 하자. 간혹 대놓고 부정직한 기사들이 나오기도 한다. 비과학적인데 필요한 결과를 얻으려고 일부러 자료들을 조작하는 사람도 있다. 웨이크필드도 이런 혐의를 받고 있다. 물론 순수한 실수도 있다. 일부 장비의 눈금 측정이나 개념에 대한 실수가 있을 수도 있다. 예를 들어, 2012년에 중성미자Neutrino가 빛보다 더 빠르다는 유명한 주장이 있었다. 결국, 이는 실험 오류로 판명되었다.

예를 통해 이런 문제는 어떻게 발생하는지 살펴보자. 누군가 분명한 근거를 들어 칠레 동전이 잘못 제조되었다고 확신한다는 가정을 해 보자. 동전을 던지면 뒷면보단 앞면이 나올 확률이 훨씬 높다는 것이다. 이 말을 들은 많은 사람이 집에서 동전을 열 번씩 던져볼 것이다. 동전을 연속 열 번 던져서 열 번 모두 뒷면이 나올 확률은 1,024분의 1이다. 만일 충분히 많은 사람이 동전을 던지면, 대부분이 이런 결과를 얻을 것이다. 그들은 그것을 공개적으로 발표하며 아주 흥분할 것이다. 그리고 바로 언론에 전화할 것이다. 그러면 아마도 다른 사람들도 이 소식을 듣게 될 것이다. 그들이 실수하거나 사기를 친 게 아니다. 우연히 오류가 발생한 셈이다. 그 우연이 실수로 이어지는 경우는 의외로 아주 많다. 근거가 희박한 상태에서 우연한 사건이 생기면 이런 일이 더 많아진다.

그런데 이 많은 오류에도 불구하고 어떻게 출판이 될 수 있었을까? 그 기사를 검토하는 편집자들과 평가자들이 본의 아니게 오류를 놓쳤을 수 있다. 특히 미묘한 오류가 있을 때와 오류가 우연히 발생할 때 더 그렇다. 또 한편 잡지 편집자들은 그 출판물을

111

알리는 데 관심이 많기 때문에, 늘 놀랄 만한 결과가 그렇지 않은 내용에 비해 출판될 가능성이 더 높다. "칠레 동전에 문제가 있다"는 것은 분명 하나의 뉴스거리가 된다. 하지만 "칠레 동전에는 아무런 이상이 없다"는 뉴스거리가 되지 않는다. 이렇게 보면 일부 잡지들이 잘못된 내용을 싣는 것은 전혀 이상한 일이 아니다. 그래서 과학적 발견의 옳고 그름은 출판물로는 식별되지 않는다. 따라서 시간의 경과와 면밀한 조사, 재실험, 새로운 독립적 증거들을 통해 그 내용을 확실하게 검증하는 작업이 필요하다.

자폐증과 생선

—

이제 이런 생각이 들기도 할 것이다. '글쎄요, 위의 모든 말이 사실이라고 해도, 상관없어요. 티메로살에 강력한 신경 독인 수은이 들어 있는 건 확실하니까요.'

하지만 이런 확신에도 오류가 있다. 물론 수은과 수은이 포함된 화합물은 매우 해로운 것으로 알려져 있다. 그러나 보통 백신과 함께 투여되는 티메로살이 해로운 영향을 미친다는 것에 대해서는 어떠한 증거도 없다. 그러니까 그 원자 자체는 영웅도 악당도 아니라는 뜻이다. 예를 들어, 사람들은 아무도 탄소나 질소 원소를 두려워하지 않는다. 이것들은 매일 우리가 먹는 음식 속에도 들어 있다. 그러나 이들을 조합하면 세상에서 가장 치명적인 시안화물cyanide이 될 수 있다. 삶과 죽음의 차이는 그 자체로는 악의가 없는 원자들 사이의 미묘한 재배치에 있다. 또한, 복용량도 중요하다. 카페인에도 독성이 있지만 이걸 마시고 죽으려면 24시간 이내에 커피 100잔 이상을 마셔야 한다.

티메로살의 경우에는 수은이 체내에서 제거될 수 있는 분자로 줄어든다는 명백한 증거가 있다. 물론 아이들에게 투여할 화합물에는 특별한 주의가 필요하다. 수십 년간의 독립적 연구 끝에 티메로살이 함유된 백신과 자폐증에는 연관성이 없다는 사실에 대한 과학적 합의가 이루어졌다. 그런데도 대부분 선진국의 의무 백신 접종 프로그램에서 티메로살을 제거하기 시작했다. 그러나 그 이유는 이 화합물에 대한 두려움 때문이 아니다. 수많은 사람이 여전히 이에 관해서 토론하고 있고, 부모가 자녀의 백신 접종을 거부할까 봐 두렵기 때문이었다. 영국의 경우 3가 백신을 맞은 아이들의 비율이 1996년에는 92%였는데, 2009년에는 73%로 감소했다. 그 결과 백신으로 보호할 수 있는 병들을 증가시켰다. 그리고 결국엔 티메로살을 제거할 수밖에 없었다.

그런데 이 방부제를 제거한 국가에서 자폐증 발병률이 떨어지지 않았다. 또한 자료들을 비교해 보면, 자녀의 몸속에 생선 섭취로 쌓인 수은의 양이 전체 예방 접종으로 쌓인 수은의 양보다 훨씬 클 가능성이 높다.

피하는 것이 낫다고?

많은 사람의 생각과 달리 과학은 아무것도 증명할 수 없다. 사실 부정적인 결과에 관해서는 더 그렇다. 경우에 따라서 티메로살이 유해하지 않다는 증명을 할 수 없을 때도 있다. 실제로 이 복용량이 많으면 몇몇 환자는 알레르기 반응을 일으킨다고 알려져 있다. 그러나 마찬가지로 양상추가 특정 경우에 탈모를 일으키지 않는다는 것을 증명할 수는 없다. 그저 증거들을 모아야 그 말에 힘을 보탤 수 있다.

많은 사람이 넌지시 말하는 사전 예방 원칙에서는 "만일 우리 안전을 확신하지 못하면, 차라리 그것을 피하는 것이 낫다"고 한다. 여기서 문제는, 무언가를 하지 않겠다는 결론을 내렸다가 나중에 피하려던 것보다 오히려 더 나쁜 결과를 얻을 수도 있다는 사실이다.

예를 들어, 티메로살을 제거하면 백신을 개별 용량으로 포장해야 하며, 그 결과로 백신 접종 프로그램의 가격이 상당히 높아질 것이다. 비용은 전문가가 공공 보건을 위해 자원을 최적화하는 방법을 평가할 때 반드시 고려해야 하는 사항이다. 티메로살의 두려움 때문에 예방 접종을 하지 않으면, 미래의 건강 문제가 생길 가능성이 높아질 거라고 주장하는 사람은 나뿐만이 아니다. 간단한 통계만 봐도 알 수 있다. 백신을 맞지 않아서 생기는 문제들이 백신 부작용으로 생기는 문제보다 훨씬 더 많다.

15

—

미소 장국의 물리학

—

이렇게 건조한 날에는 우기雨期가 간절하게 그립다. 이런 길고 지루한 여름에는 우리의 인내심도 폭발한다. 나는 젖은 도로를 지나 일식당에 들어가서 미소 장국을 주문하고 그 속에서 내가 간절히 기다리는 폭풍의 역동적 모형을 관찰하고 싶어진다.

여태껏 눈치를 채지 못했을 수도 있지만, 다음번에 미소 장국을 먹을 때는 그 향과 맛에만 정신을 팔지 말고 그 속에 있는 물리학의 아름다움도 한번 살펴보길 바란다. 미소 장국은 된장으로 만드는데, 그 입자가 다시(가다랑어포·다시마·멸치 등을 끓여서 우려낸 국물) 또는 생선 육수 속에 퍼져 있다. 이 입자의 움직임은 장국 내의 액체의 흐름, 즉 대류 현상을 보여준다. 약간의 인내심만 있으면 충분히 관찰할 수 있다.

우선 그릇을 움직이지 말고 표면을 약간 식혀야 한다. 이 국이 어떻게 미소 된장 입자를 끌어당겨서 바닥에서 올라오고 표면에 흔적을 만드는지 보게 될 것이다. 이 자국을 대류환convection cell이 라고 부른다. 각 셀cell은 국의 기둥에 해당하는데, 중심부에서는 미소 된장을 표면 쪽으로 끌어당기고, 반면 가장자리에서는 하강 흐름이 생겨서 그것이 바닥으로 내려간다.

이런 현상은 증발로 쉽게 열을 빼앗기는 표면에서 장국이 훨씬 더 빨리 식기 때문에 발생한다(물이 증발하려면 국에서 필요한 잠열을 추출해야 한다. 따라서 국 표면이 냉각된다. 1장 '맥주가 당기는 날' 참조). 따라서 가장 뜨거운 국물은 가벼워져서 더 차갑고 밀도가 높은 국 위로 떠오른다. 그리고 위로 올라와서 차가워지면 다시 아래로 내려간 다. 이것이 바로 대류환이다.

가장 먼저 액체의 대류를 관찰한 사람은 1753년 미국에서 태어난 물리학자이자 발명가인 럼퍼드 백작Count Rumford이다. 귀족의 칭호를 얻기 전에 그는 럼퍼드 벤저민 톰프슨Rumford Benjamin Thompson이라고 불렸는데, 과학사에서 가장 독특한 성격을 가진 인물 중 한 사람이다. 그의 가장 중요한 과학적 공헌은 물리학 분야에서 이루어졌지만, 바이에른 궁정의 치안 장관이었던 그는 값싼 육수와 영양가 높은 감자, 완두, 보리를 넣은 수프로 군인들과 가난한 사람들의 영양 상태 개선을 위해 애쓰기도 했다. 어쨌든 그 수프에서 과학적 영감을 얻어서 백작의 자리까지 올라가게 되었다. 그는 숟가락으로 수프를 먹다가 입을 데면서, 열의 속성에 대해서 궁금증을 갖게 되었다. 왜 국그릇은 사과 파이보다 훨씬 더 빨리 식을까?

그 해답은 바로 대류 작용에 있다. 상승하는 액체는 차가워져서 내려오고, 열기가 있으면 밖으로 열기를 내놓기 위해 다시 위로 올라간다. 그러나 반대로 속이 꽉 채워진 사과 파이는 점성 때문에 액체가 빨리 움직이지 못해서 겉 부분이 빨리 식는다. 또한, 내부에서 올라오는 열은 훨씬 느린 전달 방법인 열의 전도를 통해 겉으로 올라온다.

태풍도 대류의 좋은 예이다. 거대한 태풍이 불면, 구름의 왕이라고 부르는 적란운이 생기는데, 이것은 놀라운 자연 현상 중 하나이다. 작은 물방울과 빙정이 쌓여 거대한 층을 이루는데 높이가 무려 20km까지 나타난다. 이것은 그릇 바닥에서 장국이 올라가는 것과 비슷한 원리로 지상 근처의 따뜻하고 습한 공기가 상승할 때 형성된다. 뜨거워진 공기는 더 가볍기 때문에 상승하고 싶어 한다. 그럴 때 따뜻한 공기가 팽창하고 냉각되면서 올라가기 어려워진다.

하지만 공기 내에 충분한 습기가 있고 온도가 빨리 떨어지면 다른 현상이 발생한다. 즉, 습기가 응축되고 작은 물방울이 생기는데, 그 과정에서 열이 방출된다. 다시 잠열이 나왔다. 액체가 증발할 때 잠열을 흡수하고(주변 냉각), 반대 과정(응결)에서는 잠열을 방출한다. 그렇게 되면 공기가 열을 유지하면서 위로 올라가려는 새로운 힘을 얻게 된다. 그러면서 미소 입자와 같은 물방울들은 우리 앞에 기류를 드러낸다. 이것이 바로 우리가 보는 구름이다.

적란운의 형성은 급격한 온난 기류의 상승 현상으로 100km/h 이상이 될 수 있다. 온도가 충분히 낮아지면 물방울은 얼음 결정으로 변하고 서로 충돌하면서 커진다. 그리고 우박으로 변할 때까지 서로 들러붙는다. 그리고 결국 자체의 무게 때문에 땅에 떨어진다. 떨어질 때 구름 바깥쪽에서 하강하는 차가운 공기 기류가 발생한다. 일반적으로 우박은 떨어지면서 녹고 비가 내리게 된다.

적란운은 국그릇 속에서 발생하는 것과 매우 흡사한 대류환이다. 실제로, 대류 폭풍은 보통 수많은 적란운으로 이루어져 있고, 비행기에서 보면 미소 장국과 별다를 바 없다. 그러나 지금 문밖에는 바람도 불지 않고 구름 한 점 없는 더운 여름, 김빠진 침묵뿐이다. 차라리 이럴 땐 그냥 앉아 있는 게 낫다. "여기요! 미소 장국 한 그릇 더요!"

16

—

우주 방사선이 내린다

—

빅터 헤스Victor Hess는 그날 아침 아주 초조했을 것이다. 바로 48시간 전에 타이태닉이 침몰했고, 자연의 힘 앞에 인간이 얼마나 나약한 존재인지 드러났기 때문이다. 그는 약 5km 높이의 수소 풍선을 타고 위험한 상승 준비를 마쳤다. 사람들이 보기에는 시기가 별로 안 좋아 보였을지 모르지만, 그에게 1912년 4월 17일은 딱 맞는 날이었다. 몇 시간 안에 개기일식이 벌어질 예정이었다. 이것은 비엔나의 라디오연구소Radio Research Institute의 오스트리아 물리학자인 헤스가 걱정하며 기다렸던 희귀한 사건이다. 오늘날 우리는 우주 방사선cosmic rays이 하늘에서 오는 것으로 결론을 내렸지만, 그 당시에는 투과력 강하고 신비한 그 방사선이 태양에서 오는 것인지 알아보기 위해서는 달이 햇빛을 차단하는 순간이 필요했다.

헤스는 대서양 횡단 정기 여객선이 난파된 걸 보고 어두운 밤하늘의 빛나는 별을 생각했다. 일식은 항상 신월New moon이 뜰 때 생기는데, 태양이 달의 뒷면을 비추어서 지상에서 볼 때 밤처럼 어두워지는 현상이다. 마치 어떻게든 빠져나가려는 죄인 같지만, 태양 앞에서는 그 존재가 금방 밝혀질 달에 맞서기 위해 헤스는 기구를 타고 하늘로 올라갔다. 이 오스트리아인은 전하electric charge를 측정하는 기구인 검전기를 사용할 생각이었다. 전하는 대기 분자 중 전자를 떼어놓는 우주의 충격cosmic bombardment 덕분에 얻을 수 있다.

헤스는 이 방사선이 태양에서 왔다면, 달이 그것을 차단했을 때 적어도 부분적으로 대기 중 전하가 감소할 거라 예측했다. 하지만 결과는 그렇지 않았다. 측정 결과, 달이 태양을 가렸을 때도 아무런 차이가 없었다.

결론적으로 그 방사선의 근원은 태양이 아니었다. 오늘날 우리는 우주 방사선이 태양계, 은하의 경계, 심지어는 은하계 훨씬 너머에서 온다는 것을 알고 있다. 우리는 온갖 방향에서 비처럼 쏟아지는 외계 입자들을 맞고 있는 셈이다. 작은 위성인 달은 이 우주의 충격을 막을 수 없었다.

이 위대한 발견의 기쁨은 당시 타이태닉의 비극 앞에 어느 정도 가려질 수밖에 없었다. 그것은 달도 밝힐 수 없는 비극이었다. 또, 그 달은 70년 후에 보니 타일러Bonnie Tyler가 〈마음의 개기일식

total eclipse of the heart〉이라는 노래를 부를 것도 몰랐을 것이다.

그렇다면 우주 방사선은 어디에서 온 것일까? 그 대답은 좀 더 복잡하다.

빅터 헤스는 1911년부터 1913년까지 많은 풍선 기구 여행을 했다. 그는 공기 중의 원자를 이온화시키는, 즉 전자를 잃고 전하를 띠게 하는 반응을 일으키는 우주 방사선의 기원을 알고 싶었다. 그 현상은 이미 핵물리학의 창시자들에 의해 밝혀졌다. 지구 지각에는 입자와 방사선을 방출하는 방사성 물질이 포함된 것으로 알려졌다. 그리고 이것이 차례로 공기 중의 원자와 충돌한다. 그러므로 대기 중에 이온화된 공기를 찾는 것은 이상하지 않다. 그러나 지구가 이온화 방사선의 유일한 원천이었을까?

헤스는 독일 물리학자인 테오도르 불프Theodor Wulf가 수십 년 전에 만든 정밀 검전기를 사용했다. 이 장치는 이온화된 대기 중에 있는 적은 양의 전류도 측정할 수 있다. 전류는 전하의 움직임이다. 비이온화Non ionizing 중성 대기에는 전하가 없지만, 전기적으로 대전된electrified 원자가 많으면 많을수록 전기 전달이 잘 된다.

불프는 지구의 방사선 방출이 공기의 이온화 현상을 설명하기에 충분한지에 대해 의문을 품은 사람 중 하나였다. 그는 파리 여행을 하다가 에펠 탑 꼭대기의 이온화 측정값과 지상의 값을 비교해 보았다. 만일 그 방사선이 지구 내부에서만 온다면, 위쪽의 방사선이 감소해 공기는 덜 이온화되었어야 했다. 측정 결과, 이것이 사실이긴 했지만 계산으로 예측한 비율보다 훨씬 적은 값으로 감소했다는 사실을 발견했다. 마침내 헤스는 여행을 통해 모든 의심을 해결했다. 5km 높이로 올라가자 공기는 이미 지표면보다 두 배나 더 이온화되었다. 이를 통해 헤스는 이온화된 방사선이 위에서 왔다고 확신했다. 그리고 이후 1912년 4월 개기일식을 통해 태양은 방사선과 상관이 없다는 사실도 확인했다.

모든 결과를 얻고 난 후 그는 1936년 12월 고도가 다른 여러 지역으로 새로운 여행을 시작했다. 그리고 이번에는 스톡홀름에서 노벨 물리학상을 받았다.

우주 방사선과 안개상자

—

오늘날에는 일차우주선primary cosmic ray이 대기권에 도달하는 원자핵임을 알고 있다. 대부분이 양성자(수소 핵)이지만, 그 외에도 다양하다. 이런 다양한 원자핵들은 우주에서의 양과 비슷한 비율로 지구에 도착한다. 대기 중 분자들과 연쇄적인 충돌이 일어나는데 무수한 다른 입자들 또는 이차우주선secondary cosmic ray이 생성된다.

20세기 초, 위대한 가속기 출현 전, 우주 방사선은 물리학에서 관찰하는 고속 입자들의 주요 원천이었다. 예를 들어, 캘리포니아 공과대학에서 일하던 미국 물리학자인 칼 앤더슨Carl Anderson은 1932년 최초로 반물질antimatter 입자인 양전자positron 또는 반전자antielectron를 발견했다. 이것으로 그는 1936년 빅터 헤스와 함께 노벨 물리학상을 받았다.

또한 앤더슨은 안개상자를 이용해 우주 방사선을 관찰했다. 이

상자 안에서는 우주 방사선이 수증기가 들어 있는 밀폐 용기를 통과할 때 응축을 일으키는 기본 입자들의 흔적을 볼 수 있다. 그렇게 움직이는 입자는 우리가 볼 수 있고 찍을 수 있는 물방울 흔적을 만든다.

연대 측정

우주 방사선에는 중요한 응용 분야가 있다. 의심할 여지 없이 가장 유명한 것은 바로 탄소-14의 연대 측정법이다. 탄소 원자핵에는 6개의 양성자가 있다. 거의 모든 핵과 마찬가지로, 양성자와 비슷한 질량의 중성 입자인 중성자를 포함한다. 가장 풍부한 종류의 탄소는 안정적이고 6개의 중성자를 포함하는 탄소-12(6+6)로 알려져 있다. 지구상에서 발견하는 탄소 중 거의 99%가 이 유형이다. 나머지 1%는 7개의 중성자를 포함하는 탄소-13으로 안정적이다. 반면에 탄소-14는 무시할 수 있을 정도로 적고, 중성자 중하나가 양성자로 변하는데 그 과정에서 전자와 반중성미자Antineutrino를 방출하기 때문에 불안정하다. 탄소-14는 대기 중에 매우 흔하고 안정적인 원자인 질소-14로 변한다. 방사성 붕괴라는 과정을 통해 탄소-14는 5730년 후에 방사선량이 절반만 남게 된다. 즉, 탄소-14의 반감기는 5730년이다.

이 연대기 추정 방법은 유기체에 포함된 탄소를 바탕으로 한다. 식물은 대기 중에 존재하는 이산화탄소에서 이것을 얻고(13장 '초콜릿과 지구 온난화' 참조), 모든 동물은 먹이 사슬을 통해 탄소를 얻는다. 우리가 죽을 때가 되면 탄소 재생을 멈추고, 탄소-14는 사라지기 시작한다. 그리고 우리 몸에 남아 있는 탄소-14의 양에 따라 우리 사망일을 추정할 수 있다. 심지어 화석화된 상태에서도 측정이 가능하다.

어떻게 수백만 년 이후에도 이런 추정을 할 수 있을 정도로 지구상의 탄소-14가 충분히 남아 있을 수 있을까? 그 대답은 우주 방사선에 있다. 그것은 대기권에서 질소-14와 중성자를 충돌시켜 새로운 탄소-14 원자핵을 발생시킨다. 이 때문에 대기 중의 사용 가능한 탄소의 양이 수십억 년 동안 상대적으로 일정하게 유지될 수 있다.

우주적 질문

━━

우주 방사선은 어디에나 있다. 이것은 우주의 저 끝에서부터 우리에게 쏟아지는 부드러운 비이다. 오늘날 우리는 이 입자들의 기원과 엄청난 속도로 도달하는 방식을 정확하게는 모르지만, 은하 내부의 초신성 잔해에서 가속화된다는 의견이 상당히 유력하게 받아들여지고 있다.

그러나 가장 많은 에너지를 생성하는 부분은 여전히 토론의 대상이다. 그 에너지는 현재 가장 강력한 가속기인 대형 강입자 충돌기에서 얻은 것의 수백만 배나 더 크다. 많은 은하계의 중심에 있는 초대형 블랙홀 근처에서 가속될 수 있다고 보인다.

만일 타이태닉 침몰이 자연 앞에서의 인간의 나약함을 알려주었다면, 이틀 후 빅터 헤스가 발견한 우주 방사선은 날마다 우리 주변에서 잔잔하게 울리는 메아리와 같다. 재생산할 수 없는 에너지들과 이해할 수 없는 기원들, 지구에서의 그 결과들, 기후에 미치는 영향부터 암을 유발하는 돌연변이에 이르기까지 이 모든 것은 우주의 끝없는 조롱이다. 우리를 꼼짝 못 하게 막는 것들에서 멀어지면 우리는 더 많은 풍선 기구와 배를 타고 모험을 떠날 수 있다.

17

—

그 쇼는 얼마일까요?

—

2012년 7월 초는 물리학자들에게 이례적인 날이었다. 그들에게 그렇게 많은 질문이 쏟아진 적이 없었다. 가족과 친구, 언론, 소셜 네트워크 등 모두 브라우-앙글레르-힉스BEH의 보손boson이 무엇인지 알고 싶어 난리였다. 이 주제에 대한 질문과 설명 및 접근법에 대한 이야기가 오갔지만, 다음의 질문은 한 번도 나오지 않았다. 그런데 이게 과연 무슨 쓸모가 있는 걸까? 칠레가 교육에 투자하는 연간 예산의 거의 세 배를 지출해 60년대에 공식화된 이론에 따라 존재해야 하는 가상 입자를 찾는 기계(대형 강입자 충돌기, LHC)를 만드는 게 합리적일까?

이런 질문에 대한 우리의 대답은 거의 같다. 이 발견은 인류를 위한 엄청난 문화 발전을 의미할 뿐만 아니라, 그 과정에서 많은 기술과 선진 인적 자본이 발달하게 할 것이라고. 또한, 사회와 경제에도 막대한 영향을 끼치고 있다고.

우리 일의 유용성을 입증하기 위해 과학자들은 종종 기초 과학이 사회에 얼마나 중요한지에 대한 다양한 예를 제시한다. 그 고전적인 예 중 하나는 브라우-앙글레르-힉스가 처음 보손을 발견한 유럽 입자물리연구소Conseil Européenne pour la Recherche Nucléaire, CERN 실험실에서 월드와이드웹WWW을 발명한 일이다. 개인용 컴퓨터와 원자력 에너지 발전을 있게 한 이면에는 양자역학이라는 이상하고 카리스마 넘치는 이론이 있었다. 그리고 아인슈타인의 매력적인 상대성 이론과 GPSGlobal Positioning System, 위성 위치 확인 시스템 개발의 중요성, 그리고 전자기 이론, 열역학 또는 기계 이론이 우리 삶에 미치는 영향도 분명하다. 사실 머리에 떠오르는 거의 모든 기술은 어쩌면 한 번도 응용을 꿈꾼 적 없는 기초 과학 발전에 달린 것들이다.

이는 대체로 사실이지만, 이런 강조에는 숨겨진 거짓말이 있다. 우리는 기술 전문가들과 경제학자들에게 기초 과학 연구에 대한 더 많은 자금 지원을 요구하기 위해 사람들에게 그렇게 말해야 한다. 사실 이것이 나를 불편하게 만들기도 한다. 우리에게 가장 중요한 것은 과학의 진실이 드러나는 것이지만 아무도 우리의 이런 마음을 이해하지 못할 것이다. 이에 리처드 파인만은 "물리학은 섹스와 같다. 둘 다 결과물을 만들어내기는 하지만, 우린 결과물 때문에 그걸 하는 게 아니다"라는 유명한 구절을 남겼다.

최고의 것은 아직 오지 않았다

━━━

그 유명한 보손에 대해 충분히 언급되지 않은 이유는 앞으로 발견하게 될 것이 보손의 가장 중요한 점이기 때문이다. 즉, 가장 중요한 것은 아직 발견되지 않았다.

사실, 아직은 보손이 '표준 모형Standard model'이라는 기본 입자 elementary particle 이론을 예측하는 입자라는 것도 확실하지 않다. 그러나 최소한 그것과 비슷할 가능성이 매우 높다. 그리고 정확히는 아니더라도 적어도 부분적으로는 그 이론 내에서 기능을 수행할 가능성이 매우 높다. 그런 의미에서 브라우-앙글레르-힉스의 보손의 발견은 분명 축하받을 만한 일이다. 결국, 그것은 50년의 세월과 수십억 달러의 투자로 이룬 성과였다.

그러나 누군가는 보손이 매우 비싸다고 불평할 수도 있다. 그러나 그것은 그 가치를 어떻게 계산하는가에 따라 달라진다. 그 기술이 시작되고 많은 물리학자가 기대하던 모험이 시작되었다. 보손의 발견은 어떤 식으로든 과학자들이 예상했던 것이었기 때문이다. 표준 모형은 이미 아주 많은 성공을 거두었고, 그 이론의 핵심이 힉스의 연구 영역이다. 투자자들이 볼 때 대형 강입자 충돌기LHC는 그저 냉수 양동이에 불과했지만, 실제로는 훨씬 더 놀라운 것이었다. 규모로만 봐도 정당한 투자이지만, 앞으로 일어날 일을 생각하면 훨씬 중요한 과업이다. 이제 더 많은 자료와 실험을 통해 이 입자의 성질을 찾아내고, 더 나아가서는 다른 입자들도 발견하게 될 것이다. 마치 콜럼버스가 서쪽 항로에서 아시아로 향하다가 만난 대륙처럼, 예기치 않은 일이 벌어질 수도 있다.

우리가 알고 있는 것처럼 표준 모형은 중력을 포함하지 않아서 불완전하다. 물리학의 위대한 질문인 "우주는 어떻게 태어났을까?"에 대한 해답을 찾기 위해서는 중력이 포함된 이론을 찾는 게 핵심인데, 표준 모형은 도움이 안 된다. 그래서 사람들은 이 모형을 정확히 검증하려고 하지 않는다. 그러나 우리는 꼭 그 모형에서 예기치 못한 놀라운 일들을 발견하고 수정해 나가야 한다. 숨겨진 차원Hidden Dimension과 초대칭성Supersymmetry, 끈 이론string theory 및 기타에 대한 추측들이 있지만, 무엇보다도 자연이 직접 말을 하게 해야 한다. 최근에는 자연의 미세한 소리를 확대하는 역할을 하는 대형 강입자 충돌기LHC가 그런 일을 하기 시작했다. 여기에서 보손 이상의 것이 나오길 기대한다. 과연 이것에 대한 투자가 가치가 있는 걸까? 물론이다.

탱고의 가격은 얼마일까?

과학에는 과학 기술 적용과 관련된 가치뿐만 아니라 내재적 가치가 있다. 보통은 이런 가치를 매기기 어렵지만, 나는 그 일이 정말 중요하다고 생각한다. 우리는 그것을 '문화적 가치'라고 부른다. 그러나 우리 기초 과학자들은 그것을 가장 중요하게 평가하면서도, 그만큼 강조하지는 않는다. 이것은 영원한 영적 개념도, 정치적 슬로건도 아니다. 매우 실제적이고 실용적인 결과를 뜻한다.

과학을 정확하게 평가해야만 그 발전에 필요한 공공 정책도 만들 수 있다.

물론 과학에 문화적 가치를 부여하는 일은 쉽지 않다. 나는 이 주제에 대해서는 경제학자의 입장에서 쓰되, 예술 분야의 예를 들 것이다. "과연 탱고Tango의 가격은 얼마나 할까?" 탱고에 가격을 매기기 위해서는 분명히 고려해야 하는 사항들이 있다. 관련 음반 산업의 가치와 지적 재산 가치, 탱고로 인한 관광 수입 등이다. 이 것은 과학의 기술 응용과 유사하다.

그런데 만일 그 모든 것을 빼면 뭐가 남을까? 나는 분명 남는 게 있다고 생각한다(물론 아니라고 할 수도 있겠지만, 혈관에 피가 흐르는 사람에게는 뭔가가 꼭 남을 것이다). 그렇다면 그 남은 것을 경제적 가치 로 환산할 수 있을까? 여러 관점에서 이 주제를 다루는 학술 논문 이 많지만, 쉽지 않은 문제여서 단 하나의 정확한 대답을 하기는 어렵다. 어쩌면 거래할 수 없는 상품, 즉 공급이나 수요가 없는 상 품은 가격을 매길 수 없다고 할 수도 있다.

물론 그럴 수도 있지만, 그것을 거래하는 이야기가 나오는 공상 과학 시나리오라고 상상해 보자. 물리학에서는 이런 과정을 '사고 실험thought experiment'이라고 부른다. 영화《이터널 선샤인Eternal Sunshine》을 보면, 이곳에서는 추억을 지울 수 있다. 미래 기업가가 기 존의 모든 문서 외에, 모든 뇌에서 추억을 지우고 복원할 힘을 가 지고 있다고 상상해 보자. 그렇게 되면 문화를 거래할 수 있을 것 이다. 밤낮으로 탱고가 칠레 국적을 갖게 되었다고 온 세계 사람 들에게 알릴 수 있다. 그렇게 탱고는 화폐 가치를 갖게 될 것이다.

그럼 칠레 정부는 영화 《여인의 향기Perfume de mujer》에서 알파치노 Alfredo James Pacino와 가브리엘 앤워Gabrielle Anwar가 춰서 유명해진 탱고가 칠레의 토코피야에서 어떻게 시작되었는지 볼 수 있는 만족감을 사들일 수 있을 것이다. 과연 여기에 얼마를 낼 수 있을까?

더 가깝게는 축구의 예도 있다. 칠레의 유명한 축구선수 알렉시스 산체스Alexis Sánchez의 가치는 얼마일까? 우선 그의 공 패스 실력과 경기장 티켓 창구, 홍보 등은 잊자. 모든 것을 제외하고 이 나라에 남는 건 얼마일까? 아마도 많을 것이다. 바로 이 모든 문화를 적극적으로 요구하는 것이 애국심의 건강한 얼굴이다.

과학의 원동력

과학은 그 자체로 본질적인 가치가 있어서, 의식적으로 가치를 만들기 위해 하는 활동과는 매우 다르다. 그래서 과학이나 예술은 비즈니스 활동과 매우 다르다. 강철로 나사를 만드는 이유는 철을 가공했을 때 가치가 생기기 때문이다. 그러나 과학은 그렇지 않다. 과학은 단순히 우리가 좋아하기 때문에 한다(분명 기업가, 특히 훌륭한 기업가도 이 비슷한 이유로 그들의 일에 집착하지만). 대부분의 중요한 기업의 원동력도 우리 과학자들과 비슷하다. 여기에서는 운영자에게 제출할 개발 계획으로 분석되는 합리적 목적들은 거의 찾아보기 힘들다.

웃긴 질문이겠지만, 만일 천지 이변이 생겨서 둘 중 하나를 구하거나, 다른 세계 존재들과 공유하기 위해 하나만 우주로 보내야 한다면, 당신은 칠레 대형 슈퍼마켓 체인인 점보 슈퍼마켓이나 노벨 문학상을 받은 칠레의 시인 파블로 네루다Pablo Neruda의 〈모두의 노래Canto general〉 중 무엇을 선택하겠는가? 문화의 가치는 엄청나지만, 문화는 그 가치를 창출하려는 목적으로 만들어진 게 아니다. 문화는 쾌락과 사랑, 자아, 미지의 영역, 호기심과 우연 또는 강박 관념에서 생겨난다. 이것은 과학자와 예술가의 평생의 삶을 보는 일이기도 하다.

지구상 가장 위대한 건축 기념물 중 하나인 타지마할은 20년 이상 일한 수천 명의 노예가 노력한 결과물이었다. 또한, 거기에는 최고 권력자인 황제가 사랑했던 아내의 죽음으로 인한 고통이 담겨 있다. 어떻게 보면 대형 강입자 충돌기는 진짜 감정과 비슷하다. 여기에는 황제나 노예가 없지만, 여자가 아닌 자연에 대한 사랑이 있다. 하지만 우리가 프로젝트 관리 공학의 측정기로 그 사랑을 잰다면 미쳤다고 할 것이다. 이것은 목적 및 명확한 전략 계획에 없는 말도 안 되는 값 중 하나이기 때문이다. 그러나 그것이 바로 사랑의 놀라운 점이다. 사랑은 예상치 못하게 뭔가를 꽃 피우고 번성하게 한다.

예기치 않은 것, 새로운 것, 본래의 것, 알려진 우주에서 가장 가치 있는 것이다. 이것은 그저 궤변이 아니다. 훌륭한 과학 기금 프로그램에서 가장 기본이자 중요한 부분이다. 왜냐하면, 지금 우리가 알지 못하는 것보다 더 가치 있는 것은 없기 때문이다.

18

—

지속 가능한 나노 기술이 온다!

—

우리는 맑은 밤하늘을 볼 때 그 압도적인 우주의 광대함 앞에서 한없이 작아지는 것을 느끼게 된다. 그러나 압도적인 신비함은 우주적 규모에서만 나타나는 게 아니다. 아주 작은 물질도 깊이 들어가 보면 충격적이고 신기하며 광대한 세계가 나타난다.

1959년 12월 지난 세기 후반의 가장 유명한 물리학자이자 확실히 재미있는 인물인 리처드 파인만은 미국 물리학회American Physical Society 연례회의에서 "바닥에는 풍부한 공간이 있다"라고 말하고, 이런 질문을 던졌다. "우리가 브리태니커 백과사전 24권을 핀 머리에 옮겨 쓸 수 있을까?"

이것은 유치한 질문처럼 보일 수도 있겠지만, 그렇다고 그 질문이 덜 중요하다거나 가벼운 건 아니다. 이 전설의 강연은 나노테크놀로지라는 새로운 분야를 열었다.

그러나 과연 핀 머리에 브리태니커 백과사전을 쓸 수 있을까? 그 대답은 "예!"이며 파인만은 강연에서 그것을 증명했다. 사실 그 계산은 비교적 간단하다. 백과사전 3만 페이지 이상을 바닥에 펼쳐 놓으려면 이탈리아 광장(칠레 산티아고 관광지)과 비슷한 면적이 필요하다. 이 광장의 지름은 핀 머리 지름의 2만 5,000배다. 백과사전의 모든 페이지가 펼쳐진 크기의 광장을 사진 찍어서 해상도를 잃지 않고 2만 5,000배로 축소할 수 있을까?

가능하다. 파인만은 원본 인쇄를 구성하는 각각의 아주 작은 점들이 밀리미터 크기이기 때문에, 작지만 수십 개의 원자를 수용할 수 있는 지름 크기로 축소된다는 것을 증명했다.

축소화의 첫 번째 문제는 화학적 세계에는 최소 해상도인 원자 규모가 있다는 점이다. 이보다 작은 규모의 기록 방법이나 기술은 상상하기 어렵다. 나노테크놀로지는 원자 및 분자와 비슷한 규모의 기계 장치들을 만들면서(또는 만들려는) 최소 크기로 작동한다. 따라서 나노미터nm는 100만 분의 1밀리미터mm이고, 공간은 대략 원자 5개 정도의 크기이다. '핀 끝의 공간'에 대한 감을 얻으려면 파이 속에 들어 있는 올리브를 생각해 보자. 그것을 구성하는 원자들이 원래 올리브 크기가 될 때까지 파이를 늘린다고 상상해 보자. 이 파이를 다 수용하려면 태평양 면적이 필요할 것이다.

원자 수준으로 물질을 조작할 수 있을까? 그 강연을 할 당시 파인만은 그럴 수 없었다. 실제로 그는 책 한쪽을 2만 5,000분의 1

로 축소해서 전자현미경으로 읽을 수 있게 하는 첫 번째 사람에게 수천 달러의 상금을 걸었다. 그리고 1985년 톰 뉴먼Tom Newman은 찰스 디킨스Charles Dickens의《두 도시 이야기A Tales of Two Cities》의 첫 번째 장을 전자빔을 사용해 핀의 머리 부분에 재현할 수 있었다.

그리고 1년 후, 게르트 비니히Gerd K. Binnig와 하인리히 로러Heinrich Rohrer는 원자를 하나씩 조작할 수 있고, 시료 표면의 구조를 원자적 해상도atomic resolution에서 관찰하는 기구인 '주사 터널링 현미경Scanning Tunneling Microscopy, STM'을 개발해서 노벨 물리학상을 받았다. 1989년 9월 28일, 미국의 물리학자인 도널드 아이거Donald Eiger는 이 현미경을 사용해 35개의 크세논 원자로 자기 회사 약자인 IBM을 썼다. 이 유명한 이미지는 인류 역사상 획기적인 사건이자 나노 기술의 진정한 시작이다.

원자를 하나하나 조작하는 기술에 사람들은 즉시 환호하기 시작했다. '주문형' 속성인 재료를 설계하고, 레고의 조각처럼 원하는 대로 원자를 배열하는 프로젝트보다 더 야심 찬 프로젝트는 상상하기 어려웠다. 1980년대 후반 에릭 드렉슬러Eric Drexler는 그의 저서인《창조의 엔진Machines of Creation》에서 그 꿈을 설명했다. 거기에서 그는 원자 단위로 모든 것을 만들어낼 수 있는 '나노 로봇'을 예언했다. 그는 미국의 고전 영화《바디 캡슐Fantastic Voyage》처럼 그것이 우리 몸에 들어가서 몸속 가장 작은 구조를 고칠 수 있다고 상상했다.

사람들은 비로소 공상 과학 소설을 넘어 그 가능성이 무한하다는 것을 알아챘다. 그래서 2000년 미국은 이 분야 연구 예산을 지원하며 미국 국가 나노기술 주도전략National Nanotechnology Initiative, NNI을 수립했다. 열혈 나노 마니아가 생기고 10년이 지난 오늘날 그 공동체는 작은 패배의 맛을 보았을 것이다. 하지만 우리가 너무 서두르고 있는 건지도 모른다. 나노 기술은 이미 많은 일상용품, 예를 들어 메모리 및 칩에 설치되었고 의약, 전자 및 신소재의 혁명을 예고하는 연구 역시 진행되고 있다.

19

—

비디오 게임과 우연한 축복

—

과학과 기술의 역사에서 중요한 몇 가지는 우연히 발견되었다.

다음 장에서 다루겠지만, 우리가 살고 생각하는 방식을 바꾸어 놓은 큰 이정표들은 우연히 생겨났다. 물론 인간의 발명품이나 발견이 커다란 우주의 룰렛에 따라 어디서나 생기고 이루어지는 건 아니다. 보통은 사회가 자원을 투입하고 사람들이 생각하고 실험하고, 토론하고, 교육할 수 있는 자유가 보장된 비옥한 지역에서 나타난다.

50년 전, 1958년 10월 핵물리학자 윌리엄 히긴보덤William Higin-botham이 기억을 가진 최초의 비디오 게임을 만든 놀라운 사례가 있었다. TV 게임 일종인 〈퐁Pong〉과 비디오 게임인 〈아타리Atari〉

이전에 〈테니스 포 투Tennis for Two〉라는 게임이 있었다.

윌리엄 히긴보덤William Higinbotham은 당시 롱아일랜드의 유명한 브룩헤이븐 국립연구소Brookhaven National Laboratory, BNL, 미국 원자핵물리학연구소의 책임자였다. 매년 이 연구소는 며칠간 대중들에게 문을 개방했다. 사람들이 이 시설들을 알 수 있도록 전시물을 준비하고 둘러보는 프로그램을 만들었다. 그는 대부분의 과학 전시가 정적이고 지루하기 때문에 뭔가를 해야 한다고 생각했다.

그는 1940년도에 MIT의 방사선 실험실에서 레이더 스크린 설계에 참여하며 "사람들이 할 수 있는 게임을 만들면 과학 관련 기업이 사회와 관련이 있다는 메시지를 전달할 수 있을 뿐만 아니라, 이 일에 생명력을 불어넣게 될 것이다"라고 글을 썼다. 그리고 이후 그는 제2차 세계대전 중에 이루어진 미국의 원자폭탄 제조 계획인 맨해튼 프로젝트에 참여해 원자탄용 타이머 시스템 전자 장치를 담당했다.

브룩헤이븐 계측 그룹에는 발사체 궤도와 튀어 오르는 물체를 시뮬레이션하도록 설계된 아날로그 컴퓨터가 있었다. 제2차 세계대전 중 비행기에서 폭탄이 떨어지는 위치를 계산하기 위해 개발한 것이다.

게임에 관한 히긴보덤의 생각 속에는 모든 것이 섞여 있었다. 이것은 제어 시스템과 전자 이미지, 이용 가능한 컴퓨터, 그 당시 대중화되기 시작한 독일 트랜지스터 및 화면 상의 오실로스코프 oscilloscope●에 대한 엄청난 경험이었다. 3일 만에 그는 〈테니스 포 투〉의 디자인을 끝냈다.

그 게임은 측면에서 보는 모습으로 테니스 코트를 형상화했다. 화면에서 수평선은 바닥을, 수직선은 네트를 나타낸다. 각 선수는 볼을 치는 버튼과 타격 방향을 바꾸는 손잡이로 구성된 제어 장치를 가지고 있다. 공이 네트를 건드리거나, 받아치지 않아서 코트 밖으로 떨어지면 게임이 중단되고 다시 시작해야 한다. 계정을 유지하는 것은 선수들의 책임이다.

전시회는 성공적이었다. 길게 줄을 선 사람들은 인내심 있게 차례를 기다렸다. 이후 히긴보덤은 "나는 뭔가 정말 대단한 일을 했다고 생각하지 않는다. 게임 줄이 길었던 이유는 그저 나머지 전시들이 매우 지루했기 때문이다"라고 말했다.

그러나 그 게임은 상업적 특허를 받지 못했다. 1958년에서 1959년 사이에 브룩헤이븐 국립연구소 방문객이 참여한 사람들에게만 알려졌다. 오늘날 비디오 게임은 우리 사회, 특히 어린이와 청소년들 사이에 가장 많이 침투한 발명품 중 하나이다.

다른 하나는 인터넷이다. 대부분의 네트워크 주소에 들어가는 약자인 'www'는 유럽 입자물리연구소CERN의 물리학자가 고안했다. 유럽 입자 물리학 연구소는 브라우-앙글레르-힉스의 보손을 발견한 유명한 대형 강입자 충돌기LHC로 세간에 화제를 뿌린 바로 그 실험실이다. 팀 버너스리Timothy John Berners-Lee는 세계 곳곳의 입자 물리학 실험실에서 생성된 많은 양의 정보를 자동으로 신속하게 공유해 달라는 과학자들의 요구를 충족시키기 위해 노력했

● 전류의 일시적인 변화를 화면에서 관찰할 수 있게 해주는 도구

다. 결국 그는 1989년에 www와 함께 컴퓨터가 서로 통신할 수 있게 해주는 프로토콜인 하이퍼텍스트 전송 규약Hypertext Transfer Protocol(약자인 'http'는 즐겨 사용하는 검색 엔진에 쓰는 네트워크 주소 앞에 씀)과 그 외 오늘날 인터넷 검색을 하게 해준 기술들을 만들었다.

종종 위대한 혁신이 일어날 때처럼, 이 발명도 중대한 사건으로 엄청난 변화를 일으키겠다는 의도에서 나온 게 아니다. 그러나 결론적으로는 그 개발 덕분에 폭넓고 새로운 응용을 할 수 있게 되었던 것이 사실이다.

비디오 게임과 'www'는 물리학 연구소에서 전혀 새로운 발명을 의도하지 않았던 사람들에 의해서 탄생했다. 적어도 그들은 혁명을 일으킬 생각이 없었다. 물론 그것들은 우리가 상상할 수 있는 가장 비옥한 땅에서 태어났다. 우리는 이 사건들을 기억해야 한다. 이것은 기초 과학을 살리는 일이 왜 중요한지를 보여줄 뿐만 아니라, 우리 주변에서 끊임없이 벌어지는 일이기 때문이다. 과학은 인간의 호기심에 의해서만 움직인다. 그래서 우리는 모든 땅에 물을 주어야 한다. 겉보기에 좋은 열매가 날 것 같지 않은 땅도 빠뜨려서는 안 된다. 언젠가 우주의 커다란 룰렛에 따라 맛있는 과일이 열리길 바라면서 오래된 느릅나무에만 물을 줄 수는 없다.

20

—

푸른 하늘과 우리의 눈

—

파란 하늘을 언제 봤는지 기억도 안 난다. 스모그와 구름 때문에 맑고 청명한 하늘을 볼 기회가 많이 없어졌다.

그런데 왜 하늘은 파란색일까? 우리가 하늘을 보며 흔하게 하는 질문이다. 물론 하늘이 아름답지 않아서가 아니다. 그리고 이어서 또 뻔한 질문을 계속하게 된다. 해 질 녘 하늘에는 어떻게 그렇게 다채로운 색이 펼쳐질까?

이런 광경을 즐기고 질문하는 데는 많은 준비가 필요하지 않다. 그저 깨끗한 공기와 태양, 그리고 나를 위한 약간의 시간이면 충분하다. 그러나 그 질문에 답하려면 훨씬 많은 것이 필요하다. 2세기 동안 물리학에는 정교한 실험을 하며 그것을 끈질기게 찾았던 신중한 과학자, 존 틴들John Tyndall과 존 윌리엄 스트럿 레일리John William Strutt 3rd Baron Rayleigh가 있었다.

클럽 X와 온실효과

—

참 묘하다. 수수께끼 같은 하늘의 푸른빛이 우리를 감싸면 압도적인 그 풍경 속에서 초자연적인 것을 찾게 된다. 그 위에는 죽은 사람이 살고 있다. 또, 그곳에는 비행접시를 타고 외계인이 날아다닌다. 그곳에서 신들은 우리를 관찰하고 심판한다. 그 깊고 푸른 수수께끼 같은 무한한 방인 우주의 신비는 우리의 이성을 뛰어넘는 초자연적이고 종교적인 것에 대한 영감의 원천이기도 하다.

이 현상을 이해하려고 첫걸음을 내디딘 물리학자가 신앙심과 거리가 멀었다는 게 신기할 정도이다. 그는 19세기 후반 런던에서 활동하던 신화적인 '클럽 X' 회원인 아일랜드인 존 틴들이었다. 9명의 독창적인 과학자들은 매월 첫 번째 목요일 함께 저녁 모임을 했다. 그들은 모두 '순수하고 자유로우며 종교적 교리가 없이 오로지 과학에만 헌신'하는 사람들이었다. 이 클럽은 영국의 생물학자 토마스 헨리 헉슬리Thomas Henry Huxley가 이끌었는데, 그는 찰스 다윈의 생각을 가장 잘 대변한 사람으로 빅토리아 여왕 시대 영국에서 격렬한 저항을 경험했다. 그는 1869년 자기 생각을 표현하기 위해 초경험적인 것의 존재나 본질은 인식 불가능하다고 하는 철학상의 입장인 '불가지론agnosticism'이라는 말을 만들었다.

또한, 존 틴들은 무신론자들의 든든한 변호인이었다. 그는 "사랑하는 아버지, 충실한 남편, 존경받는 이웃, 또는 공정한 시민을 찾으려면, 무신론자들 사이에서 찾을 것"이라고 말했을 정도이다. 그는 그 세대 가장 존경받는 실험 물리학자였다. 그의 연구는 주로 대기 가스에 대한 빛의 효과에 초점을 맞추었다. 그는 조제프 푸리에Joseph Fourier가 40년 전 공식화했던 대기 가스가 태양열을 잡아둘 수 있다는 의견을 실험실에서 처음으로 증명했다. 이후 온실효과라고 불리게 된 이 현상은 13장 '초콜릿과 지구 온난화'에서 이미 말했다. 대기는 태양의 가시광선에는 아주 투명하지만, 뜨거운 지구에서 우주로 되돌아가는 적외선은 그리 투명하지 않다.

존 틴들은 실험에서 수증기가 적외선을 효율적으로 흡수해서 열로 변환시킨다는 것을 증명했다. 이것이 바로 대기의 온실효과를 일으키는 주요 가스이다. 다른 하나는 이산화탄소로 대기 중 농도가 400ppm(100만분의 1)밖에 안 되지만, 지구의 열평형에 중요한 역할을 한다.

공기 중 입자들

존 틴들의 실험에서는 공기를 오염시킨 모든 입자상물질particulate material(물질의 기계적 처리나 연소·합성 등의 과정에서 생기는 고체 또는 액체 상태의 미세한 물질)을 제거해야 했다. 그는 이런 오염 물질을 관찰하다가 1859년에 중요한 현상을 발견했다. 입자가 매우 큰 기체 위에 백색 광선을 비추면 빛이 모든 방향으로 산란했다.

예를 들어, 안개가 생길 때 이 현상을 더 정확히 볼 수 있다. 그러나 입자가 아주 작은 경우에는 빛의 색 성분에 따라 산란이 다르게 나타났다. 짧은 파장(보라색, 파란색 및 녹색)이 가장 많이 산란하고, 긴 파장(적색, 황색)은 크게 방해받지 않고 대기를 그대로 통과한다. 따라서 오염 물질이 파랗게 빛난다. 이것은 담배 연기에서 관찰할 수 있다(흡연자의 폐가 아닌 담배 입자에서 직접 나오는 연기에서 볼 수 있는 현상이다. 흡연할 땐 담배 연기 입자에 수분이 응축되면 커지기 때문에 흰색으로 보인다). 물컵에 우유 몇 방울을 떨어뜨려도 이를 관찰할 수 있다. 빛을 컵 옆면에 비추면 그 물이 푸르스름해 보일 것이다. 파란색이 가장 많이 분산되어 우리 눈에 도달할 수 있는 색이기 때문이다. 그러나 빛을 직접 유리컵에 통과시켜 보면 더 불그스레하게 보일 것이다. 왜냐하면 붉은색과 주황색이 직진으로 통과하는 반면, 푸른색과 녹색은 분산되어 눈에 닿지 않기 때문이다.

이것은 맑은 날 푸른 하늘에 나타나는 물리적 현상이다. 태양빛은 대기 중에 산란하여 우리 눈에 간접적으로 도달한다. 그러나 이것은 주로 태양 빛의 파란색 파장에서 발생한다. 따라서 우리가 하늘을 바라보는 방향에 상관없이, 언제나 우리 눈에는 대기 중에 산란한 햇빛이 들어온다. 주로 파란빛에 이런 현상이 일어나기 때문에, 하늘이 파란색으로 보인다. 여기에는 모든 색이 섞였지만, 파란색이 우세하다. 이 현상은 다른 많은 경우에서도 발생한다. 월장석이라는 광석은 보는 각도에 따라 하늘색 또는 오렌지색으로 빛난다. 또한, 약간 색소가 있는 눈은 파랗게 보이는데, 홍채 내부에 빛을 산란하는 작은 단백질이 떠다니기 때문이다.

달에는 대기가 없어서 태양을 바라볼 때 새까만 바탕에 흰색으로 보인다. 당연하다. 이 '틴들 효과'의 산란을 허용할 공기가 없어서 태양이 흰색으로 보이는 것이다. 이것은 대기가 없을 때 방출하는 빛의 색이다. 그러나 지구에서 태양을 볼 때는 물과 우유가 섞인 유리컵을 통해 들여다보는 빛처럼, 좀 더 노르스름해 보인다. 그리고 이것은 지평선에 가까워질수록 더 분명해진다. 태양이 질 때, 그 빛은 우리에게 오기 위해 가장 긴 여행을 한다. 이 중에서 분산이 가장 적게 되는 빛(빨간색과 노란색)만 두꺼운 공기 기둥인 대기권을 통과해서 우리 눈에 들어온다. 덕분에 우리는 해 질 녘 주변을 물들이는 오렌지색 태양을 즐길 수 있다.

레일리 산란

—

140년 전 영국의 물리학자인 존 레일리는 틴들 효과에 대한 첫 번째 이론적 계산과 대기 물리학적 적용을 발표했다. 그리고 그의 책《하늘의 빛, 그것의 편광과 색On the Light from the Sky, its Polarization and Colour》은 고전이 되었다. 존 틴들과는 달리, 레일리는 기독교 신자였다. 그는 "진정한 과학과 참된 종교는 반대가 아니며, 반대여서도 안 된다"라고 말했다.

그러나 파란색 하늘의 광경은 분명 과학의 일부였고, 유명한 빛의 파동 이론 덕분에 수학적으로 정확하게 설명되었다. 그 계산은 틴들이 몇 년 전에 관찰한 대로, 산란을 유발하는 입자의 크기가 빛의 파장보다 훨씬 작으면, 즉 0.1마이크론보다 작으면, 짧은 파장 즉, 파란색과 보라색의 산란이 일어남을 증명했다(보라색은 하늘에서 감지되지 않는데, 보통 대기 중에 많은 부분이 차단되고, 우리 눈이 보랏빛에는 그렇게 민감하지 않기 때문이다). 오늘날 우리는 이 현상을 '레일리 산란Rayleigh scatter'이라고 부른다.

공기와 노벨상

그 당시 레일리와 틴들은 하늘이 파란 이유가 공기 중에 떠다니는 미립자 때문이라고 생각했지만, 오늘날 우리는 그 현상이 대기를 구성하는 공기 분자 때문이라는 것을 잘 알고 있다. 바로 그 공기 덕분에 1904년 레일리는 노벨 물리학상을 받았다. 그것은 파란 하늘의 신화적인 역설을 해결해서가 아니라, 화학 성분에서 이전에는 아무도 보지 못했던 요소인 아르곤Argon을 발견했기 때문이다.

아르곤은 대기 중에 세 번째로 많은 기체이지만(약 1%), 비활성이기 때문에 검출하기 어렵다. 즉, 어떤 것과도 화학 반응을 일으키지 않는다(따라서 그 이름이 그리스어로 비활성이라는 뜻이다). 레일리는 편차를 탐지할 수 있는 정교한 실험 덕분에 그것을 발견했다. 그가 대기 중에서 얻은 질소는 다른 방법으로 얻은 것보다 약간 더 무거웠다. 그래서 그는 여기에 다른 어떤 것이 섞였다는 결론을 내렸다. 그 주인공이 바로 아르곤이었고, 결국 질소에서 그것을 분리해낼 수 있었다.

그 가스 덕분에 레일리는 명성을 얻었고, 아르곤의 가장 큰 비밀이 몇 가지 밝혀졌다. 오늘날에는 많은 기술적 응용 분야에서 그 계산을 사용한다. 예를 들어, 대기 오염 측정에 사용되는 기구인 탁도계Nephelometer는 레이저 빛에서 생기는 산란에서 입자 농도를 결정하는 이론(좀 더 정확성을 기하기 위해 일반화한)을 사용한다. 이제 잠시 오염에 대해서는 잊자. 가끔 하늘이 깨끗할 때도 있다. 즉, 질소와 산소 및 약간의 아르곤만으로 온 하늘에 아름다운 푸른빛이 가득하고 좋은 생각과 에너지가 가득 차는 때이다.

21

—

최고의 시간, 지금?

—

"이게 바로 현재에요. 현재는 좀 불만스럽죠. 인생이 불만스러우
니까요."

우디 앨런의 영화《미드나잇 인 파리Midnight In Paris》의 주인공인
길의 대사이다. 그렇다. 우리는 일상에서 문제가 생기면, 지금보다
과거가 더 좋았다고 생각하며, 실제보다 훨씬 더 좋게 그려놓은
과거에 향수를 느낀다.

우디 앨런 영화에서처럼 문학과 그림에 대한 토론을 근거로 한
다면, 여기에 대해서 할 말이 아주 많다. 그러나 영화에서 숨기는
사실이 있다. 영화에 등장하는 청년들은 길이 미래에서 온 사람이
란 걸 깨닫지 못한다. 하지만 우리는 이런 장면을 보고 놀라지 않

는다. 감독은 좋든 나쁘든 우리 문화, 즉 과학과 기술을 배치하는 유일한 '시간의 화살'을 숨긴다.

사실 이것은 논쟁이 있을 수 없는 사실이다. 과거의 우리는 결코 현재보다 더 나은 시간을 보내지 않았다. 나는 앞으로 우리가 지금까지 겪었던 것보다 더 만족한 삶을 살 수 있을 거라고 믿는다. 그래서 인간은 존재하지 않을 것 같은 많은 자원을 찾아내고 좋은 생각과 연구 끝에 상황을 조금씩 개선해왔다. 바로 암소를 통한 천연두 치료법 발견이 그 예이다.

20세기 초 인간의 평균 수명은 약 30세였다. 오늘날의 평균 수명은 67세에 이른다. 과거 평균 수명을 낮춘 가장 심각한 요인은 바로 아이들이었다. 유아 사망은 매우 흔한 비극이었다. 피카소는 1895년 7세밖에 안 된 여동생을 잃었고, 작곡가 구스타프 말러는 1907년 5세의 딸을 잃었다. 두 소녀 모두 디프테리아의 희생자였다. 디프테리아는 독일 의사 에밀 폰 베링Emil von Behring의 연구 덕분에 사실상 박멸되었다.

1950년 이전에는 전 세계에서 태어난 1,000명의 어린이 중 180명이 5세 생일을 맞기도 전에 사망했다. 오늘날 그 수는 60명으로 줄었다. 칠레에서도 영아 사망률이 심각했지만, 오늘날은 세계 평균보다 훨씬 감소했다. 1930년대에는 1,000명의 아이가 태어나면 5세 이전에 거의 200명이 사망했다. 하지만 오늘날 사망하는 아이들은 1,000명 중 약 7명 정도이다.

백신을 통한 예방 접종은 19세기 기술이다. 18세기의 마지막 10년간 영국 에드워드 제너Edward Jenner가 천연두에 걸린 소의 상처 부위에서 나온 고름을 환자에게 접종하기 시작했다. 그런 식으로 그 질병에 대한 예방 접종 방법을 보여 주었고, 우리에게 '백신'이라는 말을 남겼다. 후속 연구(특히 루이스 파스퇴르의 연구)를 통해 소아마비와 나병과 같은 심각한 질병을 근절시킨 많은 백신을 개발했다.

피카소가 경험해야 했던 또 다른 비극은 1915년 결핵으로 인한 에바 구엘Eva Gouel의 사망이었다. 그녀는 입체파 시대 피카소의 뮤즈였다. 박테리아로 생긴 많은 질병을 통제할 수 있는 항생제는 스코틀랜드의 생물학자 알렉산더 플레밍Alexander Fleming의 우연한 관찰에서 시작되었다. 1928년 그가 가족과 여름휴가를 보내고 실험실로 돌아왔을 때, 작업대에 쌓여 있던 세균 배양균 중 하나가 특정 균류에 오염된 것을 발견했다. 그런데 동시에 이 주변 세균들도 사라진 상태였다. 그렇게 우연히 그는 페니실린을 발견했다. 안타깝게도 에바 구엘은 결핵 치료 항생제가 개발되기 수십 년 전에 그런 불행을 겪었다. 피카소는 자신의 뮤즈가 사라지고 얼마 후 미국의 시인 겸 소설가인 거트루드 스타인Gertrude Stein에게 자기 인생은 지옥이라는 내용의 편지를 썼다.

그러나 정확한 시간의 화살(시간의 방향성)을 관찰하려고 20세기 초 파리로 여행할 필요는 없다. 2010년 칠레 중부 지역에서 발생한 지진(규모 8.8)은 역사상 가장 강한 지진 중 하나였다. 그러나 진원지가 인구 밀집 지역에 가까웠음에도 불구하고 사망자는 600명이 채 안 되었다. 1960년 발디비아Valdivia에서는 비슷한 비극으로 2천 명 이상이 사망했고, 이 지진이 일어나기 약 20년 전에 치

얀Chillán에서는 대지진으로 2만 명 이상이 사망했다.● 지진 공학 Seismic engineering은 우리에게 강력한 시간의 화살을 보여준다.

2010년에도 산호세 광산이 무너진 후 33명의 광부가 720m 바닥에서 구출되었는데, 수년 전의 기술이었다면 불가능했을 일이다. 1945년에는 엘 테니엔테에서 '연기의 비극'이라고 불리는 칠레 역사상 최악의 광산 사고가 발생했는데, 355명의 노동자가 사망했다.

1950년대 초 왓슨, 크릭, 프랭클린이 시작한 유전의 분자 메커니즘Molecular Mechanisms에 대한 이해 덕분에 죽음을 피할 수는 없어도, 적어도 희생자를 식별할 수는 있게 되었다. 놀랍게도 DNA만 있으면 충분히 신원을 알 수 있다.

예언자와 선견자는 항상 어둠 속에서 존재하고 번성했다. 그러나 그 비극 속에서 희망을 주고 미래의 길을 밝히는 것은 역사상 축적된 좋은 아이디어들이다.

향수는 부정이다

삶의 비극이 위대한 예술 작품 탄생에 필요한 연료가 된다고들 하

● 발디비아 지진은 1960년 5월 22일, 칠레 빌디비아에서 발생한 규모 9.5의 지진으로 지금까지 관측된 지진 가운데 가장 규모가 크다. 칠레 남부, 하와이 제도, 일본, 필리핀, 알래스카의 알류산 열도에까지 영향을 미쳤다. 치안 지진은 1939년 1월 24일, 칠레 치안에서 발생한 규모 8.3의 강진으로 칠레 역사상 가장 많은 약 28,000명의 사망자를 냈다.

지만, 나는 그렇게 생각하지 않는다. 예술을 탄생시키는 것이 비극이라면, 차라리 예술은 사라지는 게 낫다. 나는 사회 행복의 척도 중 하나가 어린이 사망률 감소라고 생각한다. 물론 지금은 상황이 그 어느 때보다 좋아졌다.

물론 과거에 대한 향수는 계속될 것이다. 현대화로 인한 질병이 생기면 사람들은 종종 동종요법, 바흐의 꽃 요법 또는 다른 대체의학의 방법과 같은 전통 방법에 의지하려고 한다. 이 요법들은 20세기에 걸쳐 주술사 및 정신주의자와 함께 조용히 우리를 따라다니지만 어떤 효과도 없었다. 그 방법은 1세기 전과 같은데, 때문에 당시 아이들은 많은 위험에 노출되었다. 그래서 누군가 백신을 믿지 않고 자녀들의 접종을 거부면서 '자연치료 요법' 또는 '대체 요법'을 선호한다고 하면 나는 펄쩍펄쩍 뛴다. 어쩌면 《미드나잇 인 파리》의 주인공 폴이 말한 "향수는 부정이다. 고통스러운 현재의 부정이다"라고 한 말이 사실일지도 모른다.

과거에 일상의 슬픔, 패배 및 질병들이 만연했고 우리의 생각보다 그렇게 건강하고 행복하지 않았다는 사실을 깨닫기 위해서 얼마나 많은 증거가 더 필요한지 모르겠다.

22

—

블랙홀과 전쟁의 바람

—

우디 앨런의 영화 《맨해튼 살인사건Manhattan Murder Mystery》에서는 주인공 중 한 명이 "나는 바그너를 너무 자주 들을 수가 없어. 바그너를 들으면 폴란드를 침공하고 싶어진다고"라고 말한다. 나는 베네수엘라 대통령 우고 차베스Hugo Chávez(1954~2013)가 '전쟁의 바람'이란 말로 콜롬비아를 위협하는 말을 듣고 이 대사가 떠올랐다. 독일의 폴란드 침공은 제2차 세계대전의 시작을 상징하며, 이 일은 역사상 가장 흉악하고 잔인한 사건이었다. 그러나 6년 후 히로시마와 나가사키에 2개의 원자폭탄이 떨어졌고 일본의 항복으로 전쟁이 끝났다.

독일은 1939년 9월 1일, 《피지컬 리뷰Physical Review》가 블랙홀에 관한 첫 번째 기사를 발표한 날 폴란드를 공격했다. 그 글은 수수께끼 같은 대담한 문구로 시작되었다. "모든 열핵 에너지원이 고갈되면 아주 무거운 별이 붕괴될 것이다." 저자는 유명한 로버트 오펜하이머J. Robert Oppenheimer와 동료인 하틀랜드 스나이더Hartland Snyder였다. 그리고 얼마 안 돼서, 오펜하이머는 맨해튼 프로젝트의 수장이 되었고, 최초로 원자폭탄을 만들게 되었다.

중력

자연의 힘 중엔 중력이 가장 약하다. 그러나 중력이 다른 힘을 이길 수 있게 해 주는 두 가지 독특한 특징이 있다. 먼저, 중력은 항상 끌어당기고 먼 거리에도 영향을 끼칠 수 있다. 물체가 물체를 끌어당기는데, 중력이 클수록 당기는 힘도 커진다. 그리고 물체가 힘을 합쳐서 충분한 힘이 모이면 어떤 힘도 방해할 수 없는 커다란 중력이 생긴다. 예를 들어, 지구는 우리가 감지할 수 있는 중력을 만들 정도로 매우 무겁다. 그래서 자석이 냉장고에 붙어 있는 것처럼 우리도 지구에 계속 붙어 있게 된다.

그러나 이것이 단지 양의 문제만은 아니다. 근접성도 중요하다. 중력은 그것을 만드는 거대한 몸에 우리가 가까워질수록 더욱 강하다. 예를 들어, 원자의 지름과 같은 거리에 1kg의 물체가 접근하면, 지구가 우리를 끌어당기는 것과 비슷한 힘을 느낄 것이다. 문제는 우리 주변의 1kg의 물체가 미세한 원자 사이 거리에 비해 매우 크다는 사실이다. 우리가 지구 표면에는 아주 가까워질 수 있지만, 여전히 그것을 구성하는 대부분 물질로부터는 아주 멀리 떨어져 있는 셈이다.

이 모든 물질에 더 가까워지기 위해서는 원자보다 작지만, 밀도가 큰 입자를 얻을 때까지 압축해야 한다. 실험실에서 이런 밀도의 입자를 얻는 것은 상상할 수도 없지만, 자연은 우리를 위해 항상 그런 일을 한다. 예를 들어, 중성자별의 밀도는 훨씬 큰데, 온 땅의 질량을 모네다 궁전Palacio de la Moneda[•] 크기로 압축한 것에 해당한다.

암흑성

18세기 말, 영국의 천문학자인 존 미첼John Michell은 실험실에서 처음으로 물체들 사이의 중력을 측정할 수 있는 정밀 저울을 설계했다. 그는 헨리 캐번디시Henry Cavendish에게 보낸 편지에서 블랙홀의 뉴턴 버전인 '암흑성dark stars'이라는 개념을 만들었다.

그 개념은 간단하다. 우리가 물체를 쏘아 올릴 때 속도가 클수록 더 높이 도달한다. 만일 속도를 더 높이면, 다시 땅으로 돌아오지 않을 지점, 즉 '탈출 속도Escape Velocity'에 도달한다. 예를 들어, 지구 표면에서 약 40,000km/h(공기 마찰 무시)로 쏘아 올리면 탈출

● 칠레 산티아고에 있는 궁전. 현재 대통령 관저로 쓰이고 있다.

속도가 된다. 존 미첼은 탈출 속도가 빛의 속도인 30만km/s가 되는 고밀도의 무거운 행성을 상상했다. 만일, 이보다 훨씬 더 무거운 고밀도의 행성이 있다면, 그곳에서는 그 어떤 물체도 빛의 속도로는 탈출하거나 움직일 수 없다. 거기에서는 빛줄기 하나도 탈출할 수 없을 것이다. 그래서 멀리서 보는 사람들의 눈에 이 별은 완전히 깜깜해 보인다. 그 표면에서 나오는 광자들이 멀리 갈 수 없기 때문이다.

그러나 역사는 미첼에게 불공평했다. 그 실험에는 캐번디시의 이름이 붙었기 때문이다. 미첼의 사망으로 캐번디시가 이 실험을 마무리했고, 덕분에 과학계에서 유명인 중 한 명이 되었다. 게다가 그의 초상화도 남아 있지 않고, 그저 아주 작고 뚱뚱하다고만 알려져 있다. 미첼은 과학 역사의 암흑성이었다.

아인슈타인이 옳다

1919년 알베르트 아인슈타인은 인기 스타가 되었다. 그해 영국의 천체 물리학자인 아서 에딩턴Arthur Stanley Eddington은 개기일식을 촬영하려고 아프리카로 갔다. 태양에 가까운 별들을 관찰하고 야간 관찰 위치를 비교하면서, 그는 태양이 아인슈타인이 예측한 것과 똑같은 방식으로 별에서 나오는 광선을 휘게 했다는 결론을 내렸다. 아인슈타인이 1915년에 생각한 중력 이론인 일반상대성이론은 옳았다. 이 이야기는 다음 장인 '모든 것을 밝힌 개기일식'에서 자세히 살펴볼 것이다.

이 이론은 1915년 11월 프로이센 왕립 과학아카데미 회보에 발표되었다. 며칠 후, 제1차 세계대전 중 러시아에 맞서면서 독일의 물리학자 카를 슈바르츠실트Karl Schwarzschild는 구체球體의 별에 의해 생성된 중력장을 설명하기 위해 일반상대성이론을 사용했다. 이 연구에서 광선이 고밀도의 거대한 별 표면에 가까워지면, 절대 되돌아올 수 없다는 사실이 밝혀졌다. 광선이 그 별 위로 떨어질 운명에 처한다. 특히, 그 빛이 '흡수되지' 않고 근접할 수 있던 최대 거리는 132년 전 미첼이 계산한 수치와 정확히 일치했다.

사건의 지평선

뉴턴의 중력 이론은 중력장重力場이 약할 때 잘 적용된다. 중력장이 아주 강할 때는 아인슈타인의 일반상대성이론으로 설명해야 한다. 따라서 밀도가 높고 무거운 별을 다룰 때는 슈바르츠실트의 버전(아인슈타인의 이론으로 설명)이지, 미첼의 버전(뉴턴의 이론으로 설명)이 아니라는 것을 진지하게 생각해야 한다. 그리고 이 계산에서 나타난 가장 도드라지는 특징은 별 주변의 가상 영역인 '사건의 지평선event horizon'의 존재였다. 이곳은 한 번 그 경계면을 넘어가면 뒤돌아 나올 수 없다. 빛뿐만 아니라 아무것도 나오지 않는다.

사건의 지평선은 우주의 국경선이다. 그 여행의 경험을 우리에게 다시 전해주고 싶어도 그곳을 통과해 되돌아 나올 수 있는 건 아무것도 없다. 그 경계를 넘는 모든 것은 엄청난 힘에 밀려 별 중심으로 향하는데, 항성의 잔해물이 계속 압축되고 매우 부피가 작은 어느 한 점으로 수축된다. 이것이 바로 특이점singularity●이다. 거기에서 모든 것이 끝난다. 시간조차도.

그 지평선을 지나면 블랙홀의 중심으로 밀어 넣는 엄청난 힘이 있다는 걸 이해하는 것은 그리 어렵지 않다. 사실, 우리는 매일 그것을 경험한다. 그것이 바로 시간의 힘이다. 안타깝게도 미래로 가는 우리의 발걸음을 막을 수 있는 건 그 어디에도 없다. 이것이 바로 우리를 블랙홀의 중심으로 밀어 넣는 힘이다. 일단 우리가 이 지평선을 건너면, 피할 수 없는 미래의 특이점에 이르게 될 것이다. 이것은 아인슈타인의 특수상대성이론에 따른 공간과 시간이 동전의 양면이기 때문에 발생할 수 있다. 거대한 중력장이 시공간을 변화시킬 수 있다는 건 별로 이상하지 않다. 블랙홀의 중심을 향하는 방향이 미래의 방향이고, 그곳이 바로 우리가 그 무엇에도 멈추지 않고 나아가야 하는 곳이다.

슈바르츠실트가 살던 당시에는 사건의 지평선과 특이점의 존재가 격렬한 논쟁의 대상이었다. 이론상으로는 맞지만, 이 이상한 곳이 실제로 존재할 수 없다고 생각했다. 아인슈타인조차도 그것의 존재는 말도 안 된다고 생각했다. 별이 사건의 지평선을 만들 정도로 많은 물질을 한 점에 모을 수 없다고 생각했다. 예를 들어, 지구가 블랙홀이 되기 위해서는 포도 알 크기로 압축되어야 한다.

● 중력의 고유 세기가 무한대로 발산하는 시공의 영역

오펜하이머는 이미 1930년대 후반에 중력이 아주 무거운 별을 압축할 수 있다고 생각한 몇 안 되는 사람 중 한 사람이었다. 그는 말년에 시대를 앞서 별이 어떤 힘으로도 멈출 수 없는 폭축(천체의 크기를 갑작스레 축소시키는 우주 현상)으로 완전히 붕괴되어, 결국 블랙홀로 변할 거라고 주장했다. 수학적 세부 사항이 제대로 정립되지 않은 상태에서, 오펜하이머는 첫 원자폭탄 개발에 집중하기 위해서 별의 붕괴에 대한 생각을 뒤로 미루어야 했다. 그의 관심은 별을 압축하는 수학에서 핵분열을 일으키기 위한 플루토늄 압축으로 넘어갔다. 그는 다시는 별들의 세계로 돌아가지 않을 생각이었다.

하늘의 블랙홀

초창기에는 반대가 있었지만, 오늘날에는 블랙홀이 우주에서 자연스럽고 풍부하게 형성된다는 것을 알고 있다. 그러나 걱정할 필요는 없다. 많은 사람이 생각하듯이, 블랙홀은 거대한 우주의 진공청소기나 뭐든 다 먹어치우는 폭식가가 아니다. 그들은 또 다른 거대한 별의 생김새와 같다. 달이 지구 주위를 공전하는 것처럼 우리도 그들 주위를 돌 수 있다. 또한, 그 지평선에 좀 더 가까워질 수도 있다. 우리가 그곳을 뚫고 지나가지 않는 한, 어떤 끔찍한 일도 일어나지 않을 것이다. 적어도 엄청난 중력이 작용하는 곳이 아니라면 어떤 거대한 형체가 가까이에 가도 그런 일은 일어나지 않는다. 어떤 사람들은 블랙홀이 유익한 존재라고 생각하는데, 이유는 은하계 형성에 필수적이기 때문이다.

블랙홀의 물리학은 제2차 세계대전 때 버려졌다가, 1960년대에 들어서 재개되었다. 미국의 물리학자인 존 휠러John Wheeler는 이 연구에 새로운 자극을 주며 매력적인 이름을 만들어냈다. 처음에 그는 오펜하이머의 이론을 가장 많이 비난한 사람 중 하나였다. 별의 생애뿐만 아니라, 정치 및 군사적 영역에서도 마찬가지였다. 오펜하이머는 수소폭탄 프로젝트를 격렬하게 반대하던 사람 중 한 명이었는데, 그 프로젝트의 두뇌 중 한 사람이 바로 존 휠러였다. 1952년 미국은 태평양에서 첫 번째 수소폭탄 실험을 했다. 그 것은 히로시마에서 터졌던 폭탄보다 천 배나 더 강력했다. 이후, 오펜하이머는 국가에 의해 안보에 위협이 되는 인물이라는 비난을 받으면서 기밀 정보 접근권을 박탈당했다.

오펜하이머가 시작하고 존 휠러와 다른 사람들에 의해 부활한 계산법에 따르면, 핵연료를 고갈시키는 거대한 별의 중력으로 의한 붕괴는 어떤 힘으로도 막을 수 없다. 그렇게 물리학자들은 블랙홀을 받아들이기 시작했다.

오늘날은 거의 아무도 그 존재를 의심하지 않는다. 천문학자들은 은하계에서 많은 블랙홀을 발견했다. 더욱이 태양보다 수백만 배 더 큰 거대한 블랙홀이 많은 은하계의 중심에 있는 것으로 보인다. 2008년 말, 은하 중심 근처에 있는 별들의 궤도를 따라가다가 16년 만에 칠레의 관측소에서 은하수가 발견되었다. 이로써 독일 천문학자들은 거기 초대형 블랙홀이 있다는 강력한 증거를 모으게 되었다. 의심의 여지가 없는 사실이었다. 단지 2만 7,000광년 떨어진 우리 이웃에 '궁수자리 A*'이라는 거대한 블랙홀이 살고 있다. 그것은 태양 질량의 400만 배나 되는 괴물이다.

절대로 꺼지지 않는 빛

—

1974년, 또 다른 유명인 스티븐 호킹Stephen Hawking은 예상치 못한 아이디어로 이론 물리학에 혁명을 일으켰다. 즉, 블랙홀이 실제로는 완전히 검지 않다는 주장이었다. 호킹 박사는 양자역학적 효과 때문에 블랙홀이 빛을 방출한다고 예측했다. 이에 대해서는 24장 '블랙홀은 왜 검지 않을까?'에서 보다 자세히 이야기할 것이다.

　그는 사람이 상상할 수 있는 물체 중 가장 검은색 물체에서 빛을 발견했다. 그뿐만 아니라, 블랙홀이 더 작을수록 더 많은 빛을 방출함을 증명했다. 어떤 별들의 마지막 순간에 형성되는 블랙홀은 너무 커서 우리가 감지할 수 있을 만큼의 빛의 양을 방출하지 못한다. 그러나 우리는 미니 블랙홀을 상상해볼 수 있을 것이다. 지금으로서는 그것의 생성 메커니즘을 모르기 때문에, 그저 상상만 할 뿐이다.

　예를 들어, 자동차를 하나 골라서 아주 작은 크기로 압축할 수 있다면, 아원자(원자보다 작은 입자) 크기의 미니 블랙홀을 만들 수 있을 것이다. 그것은 아주 빛날 것이다. 너무 빛나서 1초도 안 돼 모든 질량을 잃게 될 것이다. 짧은 시간에 방출되는 많은 에너지는 곧 폭발을 의미한다. 이제까지의 그 무엇보다도 큰 폭발이다. 그러나 더 이상 그런 상상은 하지 않는 편이 낫다. 늘 전쟁의 바람이 분다고 외치는 제복 입은 리더들이 존재할 때는 어쩔 수 없겠지만.

23

—

모든 것을 밝힌 개기일식

—

1919년 5월 29일의 개기일식은 역사상 가장 아름다웠다. 이것이 꼭 20세기 가장 긴 일식 중 하나여서만은 아니다. 물론 오후 2시부터 아프리카 대서양의 작은 섬 프린시페의 해변들이 순식간에 완전히 어두워져서도 아니다. 또한, 태양 근처 황소자리에 있는 거대한 알데바란과 히아데스성단이 포함된 장엄한 별 무리를 볼 수 있어서도 아니다. 그 일식의 아름다움이 우리의 지적 생활에 미치는 영향 때문이다.

그것은 제1차 세계대전 중 민족주의나 전쟁의 증오를 앞선 이성의 승리를 뜻하는 아름다운 은유였다. 작은 천체인 달이 태양계 왕의 빛을 차단하는 동안, 인간의 놀라운 상상력으로 무장한 두 훌륭한 과학자는 유럽의 무지한 대중들과 오만한 지도자들의 입을 막고 있었다.

훌륭한 과학자 중 한 사람인 독일의 알베르트 아인슈타인은 이로 인해 문화의 아이콘이 되었다. 그리고 다른 한 사람은 영국의 천문학자이자 케임브리지천문대 소장인 아서 에딩턴이었다. 이 두 거장은 20세기 가장 힘든 순간에 정치와 지적 권위에 반기를 들었다. 과학에 대한 그들의 열정은 대중의 증오보다 강했다. 그 침착한 용기 덕분에 그 개기일식의 순간은 영원히 기억되었고, 이로 인해 문명의 기둥 중 하나인 일반상대성이론이 왕위에 오르게 되었다.

그것은 진정한 용기였다. 전쟁 시기에 평화주의자가 된다는 것은 모든 사회적 행위자의 경멸과 증오심을 얻는 일이기 때문이다. 한편, 아인슈타인은 병역을 피하려고 독일 시민권을 포기했다. 1914년 전쟁이 시작될 무렵, 그는 독일 지식인 그룹에서 매우 가깝게 지내던 물리학자 막스 플랑크Max Planck가 독일의 전쟁을 지지하며 호소했던 문서인 〈93인 선언문〉의 서명을 거부했다. 또한, 영국에서는 천문학자이자 물리학자인 에딩턴이 양심에 따른 병역 거부 의사를 밝혔다(그는 퀘이커교도였다).

당시는 전쟁으로 영국과 독일의 모든 관계가 단절된 상태였다. 그러나 에딩턴은 1905년에 한 아인슈타인의 유명한 연구를 잘 알고 그를 존경하고 있었다. 특히, 그가 중력에 관해 쓴 글에 대해서 더 알고 싶었다. 그 이론이 바로 오늘날 우리가 알고 있는 일반 상대성이론이다. 에딩턴은 뉴턴의 중력을 폐위시킨 그 놀라운 작품을 이해하여 영국의 명예를 드높인 최초의 영국인이 틀림없다. 그는 과학자들은 국가 갈등을 초월한다고 생각했다. 아인슈타인은 그와 아주 친해서 거의 한 동기간처럼 지냈다. 아인슈타인의 중력 이론은 수성 궤도의 이상한 움직임을 성공적으로 설명했는데, 이는 뉴턴의 법칙으로 예측한 내용과 약간 달랐다. 그러나 그는 칼 세이건의 말처럼 "특별한 주장은 항상 특별한 증거가 필요하다"는 것을 알았다. 일반 상대성이론은 특별한 성명서 그 이상이었다.

에딩턴은 천문학자인 프랭크 다이슨Frank Watson Dyson과 함께 아인슈타인의 이론을 확인하는 실험을 계획했다. 이것에 따르면, 빛의 움직임은 질량이 매우 큰 물체 근처를 지날 때 중력에 의해서 휜다. 뉴턴의 이론도 이 움직임을 예측하지만, 거기에서 상태 변화는 양적인 차이가 있다. 아인슈타인은 휘는 정도가 뉴턴의 이론으로 예측한 것의 두 배라고 보았다. 따라서 태양에 가까운 별이 보이는 위치는 태양이 없는 경우의 별의 위치와 달라야 했다. 그러나 태양이 비치면 별빛을 관찰할 수가 없다. 하지만 단 한 가지, 일식이 일어날 때는 예외이다. 에딩턴과 다이슨은 각각 브라질과 프린시페 섬에서 별들을 동시에 관찰하면서 위치 편차를 측정했고, 그 결과 아인슈타인의 예측이 입증되었다.

이로써 우주를 바라보는 우리의 시선도 변하게 되었다. 이전에는 불가능했던 것들을 이해하는 계기가 되었다. 진정한 지적 영웅은 국적과 학벌을 초월하며, 무조건 목청을 높이는 대중보다 위대하다는 사실이 다시 한 번 증명되었다. 이 모든 게 다 개기일식 덕분이다.

24

—

블랙홀은 왜 검지 않을까?

—

나는 카페에서 일하는 게 좋다. 매일 일어나는 사소한 일들로 중요한 일에 집중하지 못할 때는 가능한 사무실에서 멀리 떨어진다. 김이 나는 커피, 좋은 음악, 옆 테이블의 상쾌한 중얼거림은 아침에 생산적으로 일하기 위한 완벽한 환경이다. 물론, 이것은 보이지 않지만, 세상과 나를 연결하는 전파 공간을 만드는 시스템인 와이파이Wi-Fi와 그곳의 깔끔한 분위기를 방해하는 벽에서 나와 엉켜 있는 케이블이 없다면 불가능할 것이다.

와이파이 기술이 없다면 카페에서 인터넷 제공은 어려울 것이다. 이것은 지난 10년간 발명된 핵심 기술 중 하나이다. 그 이름은 'Wireless Fidelity무선 전파 충실도'에서 왔고, 고성능 오디오 기기인

'하이파이Hi-Fi' 또는 '하이 피델리티high fidelity, 고충실도'라는 말과 비슷하다.

이것은 엔지니어이자 전파 천문학자인 존 오설리반John O'Sullivan의 예기치 못한 아이디어 덕분이었다. 그러니까 이것은 전 세계 카페 손님들의 요구로 시작된 게 아니라, 호기심이라는 부수 효과에서 나왔다. 즉, 발견하는 기쁨 덕분이다. 이론 물리학보다 훨씬 더 기묘한 현상 중 하나인 이 신호를 발견한 사건은 이미 예견된 일이었다. 오설리반이 영국에서 전기공학 박사를 끝냈을 당시, 스티븐 호킹은 22장 '블랙홀과 전쟁의 바람'에서 말한 미니 블랙홀의 파괴적인 폭발 가능성을 발표했다.

그래서 오설리반은 그 블랙홀의 신호를 꼭 찾고 싶었다.

완전히 검지 않은 블랙홀

한 카페의 하이파이 시스템 확성기를 통해 모리세이Morrissey가 슬픈 목소리로 부른 〈절대 꺼지지 않는 불빛이 있네There's a light that never goes out〉가 흘러나온다. 이 제목은 과학적으로도 일리가 있다. 우주에서 가장 검은 물체도 완전히 검지는 않기 때문이다.

1974년 스티븐 호킹 박사는 아주 인상적이고 중요한 관찰을 했다. 그때까지 사람들은 블랙홀이 어떤 복사열도 방출하지 않을 뿐더러, 사건의 지평선을 가로지르는 블랙홀 위에서의 모든 광선이 도망갈 수 없을 정도로 완전히 흡수된다고 생각했다. 이처럼 블랙홀에서 빛이 나오는 건 불가능했다. 적어도 이것은 아인슈타인의 중력 이론인 일반상대성이론의 예측이었다.

그러나 호킹 박사가 양자역학(미시 우주 이론)이 미치는 영향을 연구하자 상황은 변했다. 그는 블랙홀이 다른 뜨거운 물체인 석탄이나 뜨거운 금속이 '격렬한 붉은 빛'을 방출하는 것처럼 복사열을 방출할 거라고 보았다. 그래서 우리는 블랙홀의 온도를 호킹 온도라고 부른다.

단, 뜨거운 물체가 방출하는 빛이 항상 눈에 보이는 건 아니라는 사실을 덧붙여야 한다. 만일 온도를 충분히 낮추면, 뜨거운 금속에서 방출되는 빛은 관찰할 수 없다. 대부분 우리 눈에 보이지 않는 적외선을 방출하기 때문이다. 만일 온도를 계속 낮추면 전자레인지나 무선 전파처럼 볼 수 없는 전자파가 방출되는데, 알맞은 도구를 사용하면 탐지할 수는 있다.

블랙홀이 크면 클수록(따라서 더 많은 에너지를 낼수록), 더 차가워진다는 사실은 직관적으로 생각할 때 맞지 않는다. 예를 들어, 태양의 질량을 지닌 블랙홀은 지름이 단지 3km인 구球이며, 온도는 절대영도(-273.15°C)에 약간 못 미친다. 그러나 우리가 관찰한 모든 블랙홀은 태양보다 훨씬 무겁다. 이것은 우리가 유일하게 아는 별의 생성 과정과 일치한다. 즉, 죽음을 앞둔 아주 무거운 별은 핵연료가 고갈되고 더 이상 중력에 대항해 싸울 수 없을 때 붕괴한다. 이것은 태양 질량의 3배 정도 되는 큰 질량의 별에서 일어난다.

그러나 이 블랙홀들의 호킹 온도는 매우 낮아서, 방출되는 복사열이 성간星間 물질에 흡수되는 복사열에 비해 매우 적다. 적어도 지금은 증발하지 않고 사라지는 방식이다. 따라서 우리에게 블랙홀은 일시적인 존재이다.

작고 원시적인 블랙홀

—

크고 차가운 블랙홀(태양 질량의 몇 배에서 수백만 배)은 우주에서 일반적이고 안정된 물체이다. 그러나 스티븐 호킹은 1974년 그의 논문에서 미니 블랙홀의 존재를 추측했는데, 이들이 죽어가는 별의 중력적 붕괴로 생긴 게 아니라고 생각했다. 그것은 고밀도와 온도로 원시 수프*의 작은 변동이 무작위로 일어날 수 있었던, 우주 탄생 초기에 형성된 것으로 보았다. 우리는 그것을 원시 블랙홀이라고 부르며, 그 크기는 다양하게 추정된다.

지구의 수역水域 같은 천문학적 규모와 비교하면 아주 가볍지만, 그래도 꽤 무거운 편에 속한다. 흑해를 한번 상상해 보자. 그 물로 블랙홀을 만들려면 아주 작은 원자 크기로 압축해야 한다. 그리고 온도는 별의 온도와 비슷하게 20만°C가 넘을 것이다.

이처럼 작고 뜨거운 블랙홀은 흡수할 수 있는 것보다 훨씬 많은 복사를 방출하므로 질량이 감소할 것이다. 질량이 작을수록 온도가 높고, 증발 속도가 빠르다. 결국 22장 '블랙홀과 전쟁의 바람'에서 말했듯이 블랙홀은 엄청난 열을 내다가 급격한 폭발로 사라

● 지구상에 생명을 발생시킨 유기물의 혼합 용액

진다. 오설리반은 이런 복사 에너지를 찾고 싶었다.

푸리에와 성공하지 못한 연구

—

스티븐 호킹이 그 폭발을 예측했더라도 그것을 관찰하기 위해 오설리반이 해결해야 할 몇 가지 장애물이 있었다. 첫째, 이 미니 블랙홀의 폭발은 우주의 다른 사건에 비해 특별히 격렬한 사건이 아니었다. 이것은 마치 손님이 꽉 찬 카페 안에서 먼 곳의 대화를 듣는 정도였다.

또 다른 문제는 블랙홀의 폭발로 방출되고 그 무선 전파가 곧장 도달하는 게 아니라는 사실이었다. 공간과 대기를 통과해 먼 길을 가다가 반사되고 흐려지면서 신호가 희미해진다. 마치 먼 곳의 흥미로운 대화가 벽에 반사되어 반향이 생기고, 그 반향으로 대화를 잘 듣지 못하게 되는 것과 같은 이치이다.

다행히도 150년도 더 전에 프랑스의 수학자 조제프 푸리에Joseph Fourier는 여기에 필요했던 수학적 방법을 만들었다. 따라서 푸리에의 수학 공식을 이용하여 오설리반은 안테나의 신호를 깨끗이 하고 별들의 격렬한 폭발을 발견하는 데 필요한 전자 장치를 개발할 수 있었다. 물론 그는 그것으로 아무것도 발견하지 못했지만, 이 훌륭한 과학자는 포기하지 않고 꾸준히 정진했다. 그는 도시의 어느 카페에서 계속 블랙홀에 대해서 생각하고 있었다.

그리고 우리는 오설리반의 뜻밖의 발견으로 예기치 못한 행복을 얻었다. 이것은 호기심으로 시작된 오랜 경주 끝에 발견한 것이 아니라, 일종의 사고였다.

오설리반이 원시 블랙홀 발견에 실패하고 수년이 지난 후, 그는 호주 연방과학산업기구CSIRO의 신호 처리팀을 이끌게 되었다. 거기에서 컴퓨터 기본 무선 네트워크 개선 문제가 제기되었다. 주요 문제는 폐쇄 공간 안쪽에 있는 안테나로 전송되는 무선 신호가 벽과 막힌 물체들 때문에 다중 반사를 겪는 현상이었다. 그러나 이것은 오설리반이 누구보다도 가장 잘 아는 문제였다. 그는 한 번도 발견하지 못한 블랙홀의 가상 신호를 거르는 데 수십 년을 보냈기 때문이다. 그제야 그는 다른 것을 위해 푸리에의 전자 공학과 수학을 사용할 수 있었다. 그는 동료들과 함께 오늘날 와이파이Wi-Fi로 알려진 무선 네트워크 표준을 개발했다.

따라서 호주에서 가장 가치 있는 특허는 우주에서 가장 어둡고 이상한 물체에 대한 한 인간의 강박에서 태어났고, 19세기의 추상대수학●에 의해 조명되었다.

내가 이렇게 편안한 곳에서 이 글을 쓸 수 있게 해준 건 역사상 유명한 주인공들 덕분이다. 왜냐하면, 이미 말했고 앞으로도 계속 말하게 될 이유 때문이다. 즉, 혁신은 발견의 즐거움, 아름다움에 대한 열정, 사심 없는 강박이 있는 곳에서만 생겨날 수 있다. 부디 모두 맛있는 커피 한 잔들 하시길.

● 대수 구조를 다루는 여러 수학적 대상을 연구하는 분야. 군, 환, 체 등의 대수 구조가 있으며, 추상적 체계의 공리적 구성을 연구 방법으로 한다. 현대대수학이라고도 부른다.

25

—

우리 사이에 화학이 있다

—

우리 사이에는 많은 화학이 있다. 우리는 푸콘 근처의 작은 레스토랑에서 가을의 화려한 색이 펼쳐지는 광경을 보며 연어구이를 먹는다. 아름다운 카로티노이드carotenoid●는 노란색 미루나무 잎뿐만 아니라, 내 접시를 장식한 달걀노른자, 감자, 연어도 물들이는 화합물이다. 칠레 빵 마라게타, 양파 튀김, 빛나는 연어, 디저트로 나온 여러 겹의 얇은 밀가루 반죽을 겹쳐서 만든 디저트 셀레스티노celestino에 색깔을 입히는 커피색의 맛있는 분자도 있다. 이 모두가 고온으로 음식물 속 당류와 단백질을 처리할 때 일어나는

———

● 자연계에 존재하는 황색과 적색의 색소의 총칭

화학적 반응인 마이야르 반응-Maillard reaction의 결과이다.

화학은 우리 주변에 있는 물체 속에 공통으로 무슨 물질이 들어 있는지를 보여준다. 또한, 이 물질이 어떻게 원자가 모여서 형성된 분자라는 가장 작은 기본 단위로 구성되어 있는지도 보여준다. 원자는 물질의 가장 작은 단위로 118개 정도가 있다. 3장 '우주는 무슨 맛일까'에서 설명한 것처럼, 이들 대부분은 빅뱅 또는 초신성에서 만들어졌다. 그리고 또 다른 일부는 인위적인 합성으로 만들어졌다.

이런 원소들은 우리를 둘러싼 모든 재료를 구성하는 기본 덩어리이다. 각 원소는 저마다의 독특한 특성이 있다. 또한, 저마다의 이야기도 있다. 이것은 발견과 이론, 예측에 대한 열정적인 이야기이다. 그중에서도 과학 역사상 가장 인상적인 인물 중 하나인 마리 퀴리Marie Curie의 사랑 이야기는 독보적이다.

아이 랩 유(I LAB YOU)

———

마리아 살로메아 스크워도프스카Maria Salomea Skłodowska는 1894년에 남편이 될 피에르 퀴리Pierre Curie를 만났다. 그 당시 프랑스에서 '마리'라는 이름을 사용했던 그녀가 파리에서 물리학 석사 학위를 마쳤을 때였다. 그녀는 뛰어난 성적으로 강철의 자기 특성을 연구하기 위해 산업체 협회가 제공한 장학금을 받았다. 그리고 마땅한 실험실이 없을 때 한 친구가 파리 시의회 화학 및 산업 물리학교

연구소장인 피에르 퀴리를 소개해주었다. 그녀는 그곳에서 몇 달을 보내다가 일 년 만에 남편이자 삶의 과학적 동지가 될 한 남자와 사랑에 빠졌다.

그러나 마리는 이미 고향인 폴란드로 돌아간다는 약속을 한 상태였다. 제국주의 러시아의 지배를 받은 나라에서 어린 시절을 보냈던 그녀는 누구보다도 애국심이 깊었다. 그러나 그곳 여성들은 대학에 들어갈 수가 없었다. 결국 그녀는 그의 설득으로 고향으로 돌아가지 않았다.

피에르 퀴리는 한 편지에서 그녀에게 "우리의 꿈에 취해 삶을 함께한다는 건 감히 생각지도 못했던 너무나 아름다운 일일 거요. 당신의 나라를 위한 당신의 꿈, 인류애를 위한 우리 꿈, 과학을 향한 우리의 꿈에 취하는 거요. 나는 이 모든 것 중에 마지막 꿈이 가장 정당하다고 생각하오. 우리는 사회 질서를 바꿀 힘이 없소. 있다고 해도 우리가 무엇을 해야 할지 잘 모르겠소. 하지만 과학을 통한다면 우리가 무언가 하는 척이라도 할 수 있을 거요. 과학이 가장 확실하고 분명한 영역일 테니. 그리고 비록 작아도 그것은 진정 우리 손안에 있으니"라고 적었다.

피에르와 마리 사이에는 화학이 있었다. 과학과 서로에 대한 사랑이 너무나도 확고했다. 1895년에서 1904년 사이에 그들에게는 이미 이렌과 에브라는 두 딸이 있었고, 이때 방사능에 관한 연구로 부부는 함께 노벨 물리학상을 받았다.

라듐을 찾아서

—

퀴리 부부가 파리에서 결혼하고 4개월 후, 그곳에서 동쪽으로 수백 킬로미터 떨어진 독일의 뷔르츠부르크에서 빌헬름 뢴트겐Wilhelm Röntgen이 'X선'이라는 방사선을 우연히 발견했다. 이로 인해 그는 1901년 첫 노벨 물리학상을 받았고, 이후 매우 유명해졌다.

특히 사진으로 뼈를 찍을 수 있게 되었다는 사실이 큰 역할을 했다. 1년 후 파리에서는 앙리 베크렐Antoine Henri Becquerel이 우라늄 염uranium salts으로 X선의 근원을 밝히려고 했지만, 얼마 후 하나의 방사선을 발견하면서 끝이 났고, 이후 마리 퀴리는 그것을 '방사능'이라고 불렀다.

같은 해 마리는 베크렐이 발견한 신비한 방사선을 조사하기로 하고 박사 학위 논문 작업을 시작했다. 그녀의 첫 번째 공헌은 방사선의 강도가 광물 안의 우라늄 양과 관련이 있다는 사실을 발견한 것이다. 방사능이 원자 자체의 성질이라는 것도 알아냈다.

그녀는 우라늄 광물 피치블렌드(역천 우라늄광)가 우라늄 자체보다도 강한 방사능을 보인다는 것을 알게 되었지만, 높은 방사능 수치를 설명하기에는 부족했다. 하지만 결국 그 대담한 가설은 옳은 것으로 판명되었다. 피치블렌드에 이제까지 본 적이 없던 원소가 있었기 때문이다. 그것은 우라늄보다 방사선 세기가 강했다.

피에르는 마리의 예측에 크게 매료되어서 자신의 실험을 포기하고 아내와 함께 이 새로운 원소를 찾아 나섰다. 모국 폴란드에 대한 마리의 사랑을 담아 그들은 그 원소에 '폴로늄'이라는 이름을 붙였다. 이후 그들은 폴로늄뿐만 아니라, 두 번째로 방사능이 많은 '라듐'이라는 원소도 발견했다. 마리는 빛과 열을 방출하는 빛나고 푸른 물질인 염화라듐 0.1그램을 분리하기 위해 수 톤의 피치블렌드를 가열하고 3년 이상의 시간을 들였다. 하지만 그 빛보다 퀴리 부부가 훨씬 더 빛났다.

삶이 나를 죽이네

—

"첫 번째 원칙: 결코 사람들이나 사건에 패배하지 마라."

마리가 스물한 살에 쓴 글이다. 1906년 파리 중심가를 지나던 피에르 퀴리가 마차에 치여 숨졌을 때, 그녀에게 딱 필요한 말이었다. 그러나 그녀는 강한 여자였다. 마지막 순간까지 계속 일을 했고, 66세가 되던 해, 수년 동안 노출되었던 방사성 물질 때문에 죽음을 맞았다.

그녀가 남긴 것은 과학의 의미 그 이상이다. 제1차 세계대전 중 그녀는 군인들의 상처를 진단하기 위해 전투 전선으로 가져갈 수 있는 소형 이동 X선 장치를 설계했다. 이 작업은 딸 이렌이 도왔고, 딸 역시 계속해서 과학 프로젝트를 해나갔다. 1935년 이렌과 그녀의 남편 프레데릭 졸리오 퀴리Frederic Joliot Curie는 방사성 동위원소 제조에 성공하며 그 연구로 노벨 화학상을 받았다. 그들 사이에도 역시 화학이 있었다.

과학적으로 대답해야 할 큰 질문은 원자 방사선의 기원이었다.

그때까지는 분명히 원자가 쪼개질 수 없을뿐더러, 변하지 않는 것처럼 보였다. 하지만 그 생각이 바뀌면서 납을 금으로 바꾸는 연금술의 오랜 꿈도 깨지게 되었다. 어떻게 아무 결과물과 대가 없이 에너지(열과 빛)가 방출될 수 있었을까? 그 에너지는 어디에서 왔을까?

그 대답은 뉴질랜드 물리학자인 어니스트 러더퍼드Ernest Rutherford가 맡았다. 그는 원자 방사선atomic radiation이 전자들과 '알파α'라는 입자들(헬륨핵), 그리고 '감마선'으로 구성된다는 것을 발견했다. 이 과정에서 원자는 변질되어 다른 원자로 변환된다. 방사선을 방출하지 않는 원자는 안정적이다. 이것들이 보통 우리 주변에 있다. 그러나 물론 불안정한 원자들도 있다. 이것들은 다른 원자들로 쇠퇴하기도 하고 긴 변화의 사슬 속에서 안정적인 원자로 귀착하기도 한다. 이것이 바로 우주의 자연 연금술이다(이 과정의 한 예가 16장 '우주 방사선이 내린다'에서 나왔는데 여기에서 탄소-14와 질소-14의 붕괴를 설명했다).

그러나 러더퍼드가 만든 것 중 가장 인기 있는 것은 뭐니 뭐니 해도 원자 모형이었다. 그는 가장 유명한 실험에서 알파 입자를 얇은 금속박에 충돌시켰다. 그렇게 원자가 대부분 빈 공간으로 이루어져 있는데, 중심부에는 아주 작은 '원자핵'이 있고, 그 주위에 작은 전자들이 돌고 있다는 것을 발견했다. 이후 양자역학이 이 모형을 많이 개선해야 했지만, 러더퍼드의 이 모형 그림은 여전히 그의 아이콘으로 남아 있다. 이 모형은 원자를 나타내고 싶은 모든 곳에서 쓰이고 있다.

이 모델은 1911년 발표되었다. 같은 해 마리 퀴리가 두 번째 노벨상을 받게 되는데, 이번에는 화학 노벨상이었다. 한 세기 후에 우리는 가을마다 색색으로 물들이는 남부 공원에서 그녀를 위한 축배를 든다. 연어구이와 눈빛 그리고 미소를 만들기 위해 진동하고 결합하는 원자들을 즐기는 것만큼 재미있는 건 없기 때문이다.

26

—

자연산은 무조건 좋은 것일까?

—

자연산.

아주 불쌍한 단어이다. 이것은 습관처럼 무분별하게 사용되면서 많이 팔기 위해 제품이나 아이디어에 붙이는 거짓 품질 인증서만큼이나 흔한 단어가 되었다. 많은 '자연산' 제품의 효과에 대한 토론이 '좋고 나쁨을 말할 수 없는' 결론으로 끝난다는 것도 수없이 지켜봤다. 간단히 허브티만 봐도 그렇다. 그러나 여기에는 사회적 차원에서 책임져야 하는 큰 위험 부담이 있다. 농업에서 소위 '유기농'이라고 부르는 제품의 확산이 그 좋은 예이다.

여기에서는 농약과 비료 및 유전 공학이 마치 악당처럼 보인다. 그리고 그런 악당을 물리치는 농업 덕분에 우리는 가공되지 않은 더 건강하고 맛있고 환경을 보호하는 자연산 유기농 제품을 얻는다. 그러나 정말 그런지에 대해서는 거의 아무도 설명하지 않는다. 그리고 이와 관련한 열띤 과학 토론을 보면 이런 제품들의 효과가 그렇게 크지 않아 보인다.

첫째, 비료와 살충제가 그렇게 나쁜 걸까? 분명 어떤 화학 물질에 독성이 많이 함유될 수는 있다. 따라서 엄격한 규제가 필요하다. 이것은 의약품과 세제, 음료수도 마찬가지이다. 그러나 이런 규제는 합성 제품뿐만 아니라 자연산 제품에도 똑같이 중요하다. 우리 밭에서 자란 버섯이 자연산이라고 해서 무조건 치약보다 더 치아에 좋은 건 아니다.

그리고 유전공학도 생각해 보자. 유전공학은 해충에 대한 내성이 강하고, 과일의 크기와 영양가를 높이고, 더 먹음직스러운 색과 맛 등 우리가 원하는 특징을 가진 새로운 종을 만들기 위해 식물의 DNA를 개량한다. 우리는 그렇게 얻은 제품이 건강이나 생태계에 해로울 수 있다는 두려움을 가지고 있다. 그러나 인류가 수천 년 동안 해온 품종 개량 역시 이와 비슷한 과정을 거쳤다. 단지 훨씬 천천히 진행되었을 뿐이다. 여기에선 우연히 돌연변이가 일어나길 바라고, 다음에 경작하는 생산물이 더 좋아지게 개량한다.

찰스 다윈은 이 과정에서 '자연 선택natural selection'에 대한 영감을 얻었다. 이것은 특수한 환경에서 더 잘 적응하는 형질을 지닌 돌연변이가 진화를 끌어낸다는 이론이다. 품종 개량에서는 그것을 원하는 대로 선택한다. 예를 들어, 옥수수는 천 년 전에는 존재하지 않았다. 단지 볼품없는 조상인 테오신테teosinte만 있었다. 이것은 키가 몇 센티미터 되지 않고 낱알도 얼마 붙어 있지 않는 옥수수의 근연종이다. 아메리카 원주민들이 수천 년간 그것을 길들여 오늘날의 옥수수로 변형시켰다. 즉, 인간은 약 만 년 동안 유전공학의 한 형태를 실행했다.

오늘날 식물이나 동물의 DNA에 원하는 유전자를 직접 넣을 수 있게 되면서 농산물을 개량하는 데 필요한 수천 년의 시간이 절약되었고, 이렇게 이 과정이 크게 발전했다. 다시 말하지만, 규제는 필요하다. 아직은 우리의 건강이나 환경을 위협할 정도로 기술이 발달한 건 아니지만, 몇몇 비양심적인 과학자들과 사업가들, 정치인들이나 조사관들의 관행에는 규제가 필요하다. 이런 관행들은 기술 수준에 상관없이 존재했고 항상 존재할 것이다. 예를 들어, 얼마 전까지만 해도 많은 사람이 주저 없이 하수도 물(딱 우리 배설물보다 더 자연산)을 밭에 뿌렸다. 이것은 농약보다 훨씬 더 심각한 건강 문제를 유발할 수 있다.

그 외 유기농 시장에서도 다른 인간 활동과 마찬가지로 비윤리적 관행이 있을 수 있다. 지금 우리는 이미 전 세계 연간 매출액이 500억 달러가 넘는 사업에 관해 이야기하고 있다. 따라서 패션과 마케팅 이면의 정보를 얻는 것이 중요하다. 영국 〈가디언the guardian〉지 기자인 도미닉 로슨Doctor Lawso은 몇 년 전에 "유기농 사업(비싼 가격으로 먹는 보통 음식)은 우리의 천진난만함에 대한 세금에 불과하다"라고 했다.

우리가 만드는 새로운 것이 예상치도 못한 문제를 일으킬 수 있다. 약품과 소프트웨어, 식품, 기계가 그렇다. 만일 이것들이 우리 건강이나 식품과 관련 있다면, 이런 실수는 분명 치명적일 수 있다. 하지만 그렇다고 이 분야에서 과학을 포기하는 것은 훨씬 더 위험하다. 예를 들어, 전 세계 주요 사망 원인 중 하나가 교통사고이고, 특히 젊은이들이 그 대상이다. 하지만 그렇다고 해서 아무도 자동차를 없애자고는 하지 않는다. 게다가 자동차는 환경오염의 주범이기도 하다. 다음에 자동차를 끌고 유기농 박람회에 나갈 때 이 말을 꼭 생각해 보자.

수십억 명이 영양실조를 겪는 세상에서 식품 기술과 농약, 유전공학은 음식을 제대로 공급받지 못하는 사람들에게 값싸고 영양가 있으며 맛있고 풍부한 음식을 제공하는 희망이 된다. 또한, 어떤 의미에서 그것은 훨씬 더 친환경적이다. 왜냐하면, 좁은 땅에서 많은 수확을 할 수 있으면 산림 파괴가 줄어들기 때문이다.

물론 유기농 작물에 이점이 전혀 없다는 뜻은 아니다. 실제로 생물학적 다양성을 촉진한다는 의미에서는 유기농업을 찬성하는 근거들도 많다. 또한, 대량 생산 제품들과 비교해 더 다양한 제품들이 나올 가능성이 높다. 그저 지금 나는 명백한 증거보다 이론적인 생각에 더 귀 기울이는 현실을 말하고 싶을 뿐이다.

아무튼, 제발 먼저 정확한 정보부터 알자. 그런다고 손해 볼 건 없을 테니.

27

혁신은 고전에서 나온다

모두가 혁신을 원한다. 여기저기에서 혁신자를 위한 수많은 세미나가 열린다. 또한 거기에 생계를 거는 혁신 전문가들도 아주 많다. 그리고 혁신을 크게 떠드는 정치인들도 많다. 가끔 나는 혁신이 잠시 멈추었으면 좋겠다고 생각하곤 한다. 내가 좋아하는 텍스트 프로세서나 운영 체계에 새 버전이 나오지 말길, 아침마다 보는 신문 디자인 좀 바꾸지 말길, 음악이나 영화를 위한 새로운 소프트웨어 좀 개발하지 말길, 새로운 과학 지원 도구를 만들지 말길 바란다.

"혁신! 사람은 계속 혁신적일 수 없다. 나는 고전을 만들고 싶다." 코코 샤넬 말이 맞았다. 의미 있는 혁신을 이루려면 고전을 사랑해야 한다. 결국, 그 일에는 과학자의 역할이 중요하다. 즉, 무지의 어두운 통로를 지나는 여행을 비추는 올림픽 성화처럼 고전을 드높이는 일이다. 혁신의 불꽃놀이가 부디 이 중요한 사명을 가진 우리를 혼란스럽게 만들지 않기를!

혁신을 반대하는 이런 불안이 나를 삼킬 때, 나는 화장실에 틀어박힌다. 이곳은 지난 세기 변하지 않은 조상들의 과학 기술이 들어 있다. 그리고 그 기술은 여전히 잘 작동하고 있다!

1395년도 금지 명령 전까지 프랑스 파리에 살던 사람들은 각자 배설물을 창밖으로 던질 수 있었다. 던지기 전에는 늘 "물 조심!"이라고 세 번 외쳤다. 그러나 다행히도 그 일은 중단되었다. 그리고 4세기 후 우리가 알고 있는 것처럼 스코틀랜드의 시계 제조사 알렉산더 커밍스Alexander Cummings가 악취 방지 파이프를 이용해 양변기를 만들었다. 이 'S자형' 사이펀*은 내부에 물을 일정량 저장하고 오수관에서 올라오는 역한 냄새들과 가스를 막아준다.

19세기에는 거기에 작은 개선이 추가되었다. 우리를 오물에서 멀어지게 해준 위대한 작품은 바로 조지 제닝스George Jennings가 디자인한 양변기이다. 여기에는 '기댈 수 있는 용기'라는 이름이 붙었고, 9L의 물만으로 깨끗하게 처리할 수 있다는 이유로 1884년 런던 국제 건강 박람회에서 일등을 차지했다. 이 용기는 지름 10cm의 사과 10개, 지름 11cm의 평평한 스펀지, 배관 잔유물 및 더러운 표면에 단단히 붙어 있는 종이 4조각을 담을 수 있는 용량

● 대기의 압력을 이용하여 액체를 하나의 용기에서 다른 용기로 옮기는 데 쓰는 관

을 가지고 있었다.

그러나 이미 고대 그리스인들은 이 사이펀을 사용하고 있었다. 분뇨 처리 목적이 아니라, 순수한 과학적 동기로 알렉산드리아의 크테시비우스Ctesibius가 이미 우리 시대보다 약 12세기 전 그 원리를 사용하였다. 이 원리는 자동차 연료 탱크에서 가솔린을 빼본 적이 있는 사람들에게 익숙할 것이다. 먼저 탱크에 호스를 넣고 액체가 흘러나올 때까지 다른 쪽 끝을 입이나 작은 수동 펌프로 빨아들인다. 일단 가솔린이 흐르기 시작하면, 탱크 연료 높이보다 낮은 호스 끝에 가솔린이 계속 흐를 것이다. 더 이상 추가로 힘을 줄 필요가 없다. 놀랍게도 중력과 대기압 사이의 작용으로 연료 탱크의 가솔린 유면의 높이가 호스 끝보다 더 낮아지기 전까지는 가솔린이 호수를 통해 계속 올라온다.

이는 양변기에서 물을 내리는 관인 굽은 통로를 만들기 위한 핵심 원리이다. 물이 먼저 조금 내려갔다가 거의 변기 높이까지 올라가고, 그다음에는 깊은 하수구까지 내려간다. 옆으로 누운 'S자' 모양의 설계 덕분에 한 번에 두 마리의 토끼를 잡게 된 셈이다. 첫 번째는 커밍스의 본래 아이디어였다. 즉, 'U자' 모양인 첫 번째 굴곡 안에 물을 가둬두고, 하수도에서 올라오는 가스 유입을 막게 되었다. 둘째, 움직이는 부품이나 밸브가 없는 일체형 디자인으로 유지 보수 필요 없이 위생 기능이 가능해졌다. 변기에 물을 채워서 사이펀 원리가 작용할 때까지 'S자' 관에 물이 차게 되면 배출이 시작된다. 그러면 그 안의 오물은 특유의 흡입 소리를 내며 격렬하게 비워지고, 이미 깨끗한 나머지 물은 'U자' 굴곡(관)

에 남게 된다.

어쩌면 일 년에 한 번은 '비혁신의 날'로 선언해야 할 것 같다. 그리고 그날에는 이런 모든 혁신자와 그들의 아이디어, 그들의 미소를 한데 모아서 보편적 복수의 의미로 우주의 화장실에 집어넣자. 그런 다음 크테시비우스와 커밍스, 제닝스의 이름으로 물을 내리자.

28

—

우리는 전쟁에서 패했다

—

이건 칠레의 학교에서도 배우는 잘 알려진 이야기이다. 100년 전, 칠레의 재정 금고의 절반 이상은 비료 산업만큼이나 폭발물 제조에서도 중요한 화학적 소금인 칠레 초석(무기질산염)으로 채워졌다. 이것은 연간 최대 300만 톤 정도 생산되었다.

그러나 이후 그 산업은 위기를 맞았다. 1913년 독일의 화학회사 바스프BASF가 독일인 프리츠 하버Fritz Haber와 카를 보슈Carl Bosch가 개발한 '하버-보슈법Haber-Bosch Process'을 이용해 합성 질소 비료의 생산이 시작되었기 때문이다. 그리고 20년 후, 그 산업의 물량과 가격 때문에 칠레는 이 경쟁에서 밀려났다.

폭발적인 커플

질소는 독특한 화학 원소이다. 생체 구성 원소 중에 산소와 탄소 및 수소 다음으로 풍부한 물질이다. 이것은 세포 기계의 헌신적 일꾼인 DNA와 단백질의 필수적 부분이기도 하다. 우리 몸속에도 2kg 이상의 질소가 들어 있다. 희소성의 측면에서 보면 무시할 수 없는 양이다.

그리고 대기 속에는 아주 많이 들어 있지만(호흡하는 공기량의 78% 차지), 거기에서 우리가 사용할 수 있는 양은 매우 적다. 공기 중에서 질소는 매우 비사교적인 분자 형태로 존재하기 때문이다. 즉, 질소 분자N_2는 다른 원자들과 거의 상호 작용하지 않고, 강하게 결합된 2개의 질소 원자로 이루어진다. 따라서 유기체가 그 분자를 파괴해서 생물학에서 유용한 분자 구성으로 그 원자 쌍을 이용하기는 매우 어렵다. 다행히도 지구 지각에는 염분 형태의 질소가 포함되어 있어 식물에서 흡수할 수 있다. 그중 하나가 칠레 초석이고, 그 분자에는 질소가 들어 있다. 이것이 먹이 사슬을 통해 모든 사람과 식물을 자라게 한다.

자연적으로 질소는 두 가지 메커니즘을 통해 대기에서 생물학적으로 유용한 형태가 될 수 있다. 하나는 번개처럼 질소 분자를 파괴하는 갑작스럽고 활기찬 타격이고, 다른 하나는 그것을 수행할 수 있는 부러운 능력을 갖춘 특정 박테리아와 함께 가능하다.

이런 '질소 고정nitrogen fixation' 방법은 지구 지각에서 질소의 유용한 함량을 증가시킨다. 그러나 이 과정은 매우 느려서, 오늘날

70억 인구를 먹일 방법이 될 수는 없다. 사실, 현재 우리 몸에 있는 질소 원자의 절반은 이러한 자연적 과정에서 나온 것이 아니라고 추정된다. 이것들은 하버-보슈법으로 인위적으로 합성된 것이다.

만일 우리가 유기농법만 사용한다면 다행히도 세계 인구의 3분의 2는 먹일 수 있을 것이다. 그러나 질소는 많은 생물학적 분자의 기본적인 요소일 뿐만 아니라, 화약과 다이너마이트, TNT 폭약 같은 대부분 폭발물의 주요 성분이기도 하다. 이 경우에서는 대기 중 질소가 도움이 안 된다. 질산염처럼 더 반응성을 가진 형태가 되어야 한다.

따라서, 칠레 북부의 오래된 스타 상품의 중요성은 명백했다. 그것은 우리에게는 기적적인 소금과 같은 존재였다.

19세기 말, 과학계에서는 미래에 인류가 질소 부족이라는 큰 문제에 직면할 거라는 인식이 강해졌다. 그때까지는 대부분 질소가 재활용되었다. 비료는 질소를 포함하는 유기체의 유기 폐기물이었다. 가장 많이 사용된 것이 바로 배설물과 소변이었다. 예를 들어, 1626년 영국의 왕 찰스 1세는 신하들에게 1년 동안 소변을 모으게 명령하고, 그중에 질소에 풍부한 염분이 들어간 질산칼륨 생산을 위해 그것을 기증했다. 또한, 윤작에도 그것을 사용했다. 특히 매회 콩과 식물을 심는 게 중요했는데, 그 뿌리에는 대기 질소를 고정시킬 수 있는 박테리아 군집이 있었기 때문이다.

20세기 초, 칠레 초석은 질소의 가장 큰 공급원이었다. 그러나 칠레 초석은 충분하지는 않았다. 매장량이 고갈될 거라는 사실이 알려졌고, 세기 중반에는 문명의 종말도 예언되었다. 그러나 늘 그렇듯 그런 종말론을 주장한 음유 시인들은 인간 창의력의 힘은 생각하지 못했다.

질소를 고정한 사람

프리츠 하버는 잘 알려진 화학자가 아니었지만, 1909년 마흔 살이 되어서 명성을 얻었고, 이로 인해 운명이 바뀌게 되었다. 그는 공기 중의 질소를 고정했다. 그때까지 그 일을 했던 유일한 유기체는 희귀한 박테리아 그룹이었다. 따라서 이 일로 그는 1918년 노벨 화학상을 받을 만했다.

하버의 기계로는 질소N_2를 쪼개서 질소 원자 1개와 수소 원자 3개가 들어 있는 분자인 암모니아를 만들 수 있었다. 대기 중 질소와 수소를 고압과 고온에서 혼합해서 만들었다. 그는 이런 과정을 통해서 암모니아로 질소 비료를 만들 수 있다는 걸 알았다.

하버는 애국자였다. 그가 공기를 뭔가 유용한 것으로 바꾸는 법에 매달리게 된 가장 큰 동기가 바로 조국에 대한 사랑이었다. 그런 애국심 때문에 나중에 그는 제1차 세계대전 중 화학 무기 분야에 합류하게 되었다. 그는 전쟁에서 독일군이 많이 사용하는 염소 가스를 생산하며 불길한 전쟁 방법을 개발한 개척자가 되었다.

그러나 그의 애국심은 히틀러의 등장으로 별 도움이 되지 못했다. 유대인이었던 하버는 빌헬름 카이저 협회Kaiser Wilhelm Institute에서 즉시 추방되었다. 그해 하버 팀은 살충제인 치클론 A를 개발했다. 이후 나치는 그것을 개선해서 수백만 명의 유대인을 학살하기 위해 사용한 가스인 치클론 B를 생산했다. 하버가 이것을 보지 못한 것이 비극적인 아이러니이다. 그는 1934년 스위스에서 심장마비로 사망했다. 아마 그의 심장도 자기가 목숨 바쳐 충성한 나라의 배신을 견딜 수 없었을 것이다.

기회가 된 문제

1874년 칠레와 볼리비아는 질소 비료를 수출하는 칠레 기업들의 세금 조정 조약에 서명했다. 같은 해 카를 보슈Carl Bosch가 태어났는데, 그는 하버의 방법을 대규모 산업 공정으로 전환하고 1931년 노벨상을 받은 엔지니어이다.

독일 화학 산업에서 가장 큰 종합화학회사인 바스프BASF는 프리츠 하버의 연구 지원비를 댔다. 그 사실만 보더라도 이 회사가 진정한 혁신 과정을 걷고 있었던 게 분명하다. 1900년까지 그곳에는 과학 교육을 받은 화학자 148명이 직원으로 있었다. 카를 보슈는 질소 연구 담당 엔지니어였다. 제1차 세계대전 때, 칠레 초석의 독일 출하가 막히자, 그는 합성 질소비료 개발을 국가 전략 프로그램으로 만들었다. 보슈는 이것을 위해 1913년 독일, 오파우 지역에 암모니아 공장을 완공했고, 그해 3만 6,000톤의 황산 암모니아와 기타 질소가 풍부한 염을 생산했다. 이 폭발물 생산 공장은 그 중요성 때문에 1915년 프랑스의 첫 번째 전략 공습의 표적이 되기도 했다. 1925년 보슈는 이게파르벤IG Farben을 설립하고 대표를 맡아서 독일 화학 회사들을 연합했다.

회사의 대표직을 맡은 이후 그는 자신의 이름을 따라 다니게 될 한 사람, 프리츠 하버를 만났다. 그와 오랜 시간을 함께하지는 않았지만, 우정을 쌓게 되었다. 물론 그들의 운명은 매우 달랐다.

오늘날 하버-보슈 공장들은 여전히 칠레 사막에 묻혀 있는 전체 매장량에 따라 1년에 5억 톤의 비료를 생산한다. 이 공장들은 세계 에너지 소비의 1% 이상을 차지하고, 이것이 없으면 20억 명 이상이 굶어 죽게 될 것이다. 그것의 시작과 발전에는 수많은 요인이 있었지만, 그 중에선 비이성적 요인이 가장 강했다. 이것은 포커스 그룹Focus Group•에서 확인한 제품 전략 계획을 보장하는 방법을 찾는 게 아니었다. 이것은 세상을 구하는 문제였다. 국가와 과학, 최고가 되겠다는 절박함, 역사에 흔적을 남기기 위한 헌신이었다.

부디 이 이야기가 원자재를 경제 기반으로 하는 모든 국가의 의무 교육 프로그램의 일부가 되길 바란다. 우리 정신 구조 속에 깊이 각인되길 바란다. 그래서 대담한 기업가들과 기본 과학에서 이치에 맞지 않는 생각들을 장려하고 존중할 수 있기를 바란다. 그리고 진정한 혁신은 TED 강연에서 가르칠 수 있는 게 아니고, '혁신 전문가들'이 주도할 수도 없다는 것을 깨닫길 바란다. 그리

• 소수의 사람이 어떤 주제에 대한 논의를 위해 모인 집단

고 부디 보슈가 나치 국가 교육부 장관 각서 앞에서도 눈앞의 이
익을 생각하지 않고 과학 연구의 중요성과 지적 자유라는 가치를
가지고 품고 있었다고 강력히 변호하길 바란다.

29

—

사기꾼이 나타났다!

—

우리는 모든 전쟁에 맞설 수가 없다. 특히 텔레비전에 나오는 신비주의와 음모론에 관한 이싱과 과학의 방어만 봐도 그 전쟁은 끝이 없다. 전쟁은 처음부터 승부를 정해 놓고 일어나는 게 아니다. 그 주제가 과학일 때는 더 우울하다. 과학에는 시적 감수성의 공간이 적고, 주요 무기가 이성이기 때문이다. 그래서 나는 텔레비전에서 지질학자와 가짜 마야 신화 전문가의 지진 발생 원인에 대한 토론을 보면 너무 우울해진다.

문제의 전문가라고 해서 토론에 나와도 과학적 지식이 없는 경우가 많다. 그렇다고 진짜 마야 신화 전문가도 아니다. 만일 그랬다면 그런 데 나와서 지진 이야기는 하지 않았을 것이다. 그런 부류의 '전문가'라고 불리는 사람들은 매우 특별한 집단이다. 그들은 아인슈타인에서 플라톤에 이르는 다양한 인물에 대해서 술술 말한다. 그리고 자기 권위를 이용해 사람들이 이해하지 못하는 것들에 대해서 말한다. 보통 사람들이 이해가 잘 안 되게 말하면 왠지 더 권위 있어 보이고, 분명한 말을 무례하게 할 때는 그 효과가 훨씬 더 높아지기도 한다. 게다가 외국어를 사용하거나 그런 악센트로 말하면 더 그럴싸해 보인다. 남미에서는 그런 사람들을 전문가가 아닌 '사기꾼'이라고 부른다.

과학자와 사기꾼이 펼치는 지진에 대한 토론은 다른 주제를 다룬다 해도 마찬가지겠지만 효과적이지 않다. 여기에서 더 문제는 서로 화를 돋우는 유치한 아이들 같은 논쟁이다. 게다가 텔레비전 방송사에서 마치 둘 다 똑같이 중요하고 일관된 심도 깊은 관점을 가진 것처럼 다루는 걸 보면 웃기다가도 우울해진다. 사실, 보통 사람들 눈에 별로 안 좋게 보이고 '꽉 막혀 있는' 보수주의자는 과학자 쪽이다. 보통 이런 사기꾼은 매력적으로 보이고 입담이 좋기 때문이다.

어떤 과학자는 이런 속임수가 퍼지지 않도록 눌러야 한다고 생각한다. 그러나 어떤 사람이 올바른 생각과 어리석은 생각의 차이를 구별하지 못했다고 해서, 그 바보 같은 설명을 강제로 억누르는 게 과연 올바른 방법일까? 나는 그렇지 않다고 생각한다. 우리가 원하는 건 지적 독재가 아니라 비판적 사고의 촉진이다. 문제는 항상 같은 문제의 또 다른 얼굴이다. 즉, 아이들이 과학에 별로 노출되어 있지 않다는 사실이다.

또한, 사기꾼을 구별하기가 쉽지 않을 때도 있다. 미묘하게도 세계의 경제적·지적·정치적 분야에 높은 자리에 있는 사기꾼들도 있다. 텔레비전 토론에 나오는 이런 사기꾼들은 우리가 매일 만나는 사기꾼들에 비하면 그리 중요하거나 해롭지는 않다. 우리는 그들을 위협의 대상이 아니라 개인적인 증세로 보는 편이다. 그러나 때로는 지적 독재자가 인류의 가장 중요한 사상을 만든 창시자들과 싸우는 경우도 있다. 나치가 아인슈타인을, 교회가 갈릴레오를 어떻게 대했는지 생각해보면 바로 이해가 갈 것이다. 우리는 가치 있다는 생각을 결정하는 지식인 그룹에 의해 길들여진 사회를 원하지 않는다.

이제 중요한 해명을 해야 할 것 같다. 누군가는 내게 왜 이런 사기꾼들을 무시하느냐 할 수도 있을 것이다. 어쩌면 그들이 미래의 아인슈타인이나 갈릴레오일 수도 있다고 주장하면서 말이다. 물론 그럴 수도 있다. 그러나 이 상황은 매우 다르다. 첫째, 내 무시는 권력에서 오는 게 아니다. 둘째, 내가 하는 이 의심은 과학석이다. 우선 나에게는 그 사기꾼을 침묵시킬 힘이 없다. 가끔은 그래달라고 간청하지만. 만일 갈릴레오가 UFO 연구에 전문 지식을 가지고 있었다면, 아마도 과학의 역사는 달라졌을 것이다. 두 번째 이유에서 볼 때, 과학의 시선에서는 모든 것이 의심스러워 보인다. 그 의심이 우리 과학자들이 하는 일이기도 하다. 그래서 대부분의 과학 논문 발표는 동료 심사자에 의해 거부된다.

우리가 14장 '백신은 과학적으로 안전한가요?'에서 본 것처럼, 출판된 내용 중 틀린 부분이 많고, 시간이 지나면서 대중들이 그것을 발견하게 된다. 이처럼 시간이 지나면서 속임수가 드러나는 사기꾼 과학자들도 있다. 그렇게 되면 이들은 공개적으로 그 거짓에 대한 책임을 져야 하고, 대개 관련된 사람들도 해산된다.

30

—

동굴의 소리

—

1963년 8월 3일, 토요일 밤은 특별했다. 신화적인 리버풀의 더 캐번 클럽에서 비틀즈의 마지막 공연이 있는 날이었다. 그들은 더 이상 무명의 하우스 밴드가 아니었다. 거의 5개월 동안 데뷔 앨범을 영국 차트 1위에 올려 놓은 밴드의 공연이었다.

그들의 앨범 〈Please Please Me〉는 3월에 발표되었다. 이것은 런던의 애비 로드에 있는 스튜디오에서 하루 만에 녹음되었다. 라이브 앨범 제작을 염두하고 있던 프로듀서 조지 마틴George Henry Martin은 그 밴드의 라이브를 목격했을 때 경험했던 특별한 분위기를 재현했다. 그러나 캐번 클럽에서 녹음하기에는 기술적인 문제가 있어서, 그 스튜디오에서 라이브 앨범을 제작했다. 비틀즈의 전기 작가인 조나단 굴드Jonathan Gould에 따르면, 마틴은 '기름 탱크의 음향 효과'가 있는 공간에서 녹음을 포기했다.

물론 단단한 벽돌 벽과 곡선 지붕, 길고 좁은 장소에서 좋은 음향을 생각하기는 어렵다. 거기에 있던 사람들은 팬들의 땀으로 공기가 습해지고 그것이 벽돌에 응축되어 사방에 축축한 물기가 떨어졌다고 증언했다. 캐번 클럽에서 노래를 하면 샤워하면서 노래하는 것과 크게 다르지 않을 것이다. 그것도 집단 샤워를 하면서.

소리 샤워

—

콘서트홀에서 좋은 음향을 얻는 것은 오래되고 복잡한 문제이다. 오늘날에는 관련 물리학적 지식이 잘 알려져 있지만, 콘서트홀의 좋은 설계 요소들도 뒷받침되어야 한다. 록 밴드와 챔버 콘서트 또는 연극에 이상적인 음향 특성은 각각 다르다. 그리고 요즘은 경제적 이유로 방을 다양하게 쓰는 게 중요해졌다. 이제 장소는 아름다움과 편안함 또는 기타 필요성뿐만 아니라 음향 품질도 신경 써야 한다.

이미 7장 '우리 사이에 파동이 있다'에서 본 것처럼, 소리는 파동이고 장애물이 생기면 몇 가지 현상이 발생한다. 여기에는 우리의 관심을 끄는 두 가지 현상이 있다. 첫째, 소리는 반사될 수 있다. 산처럼 부피가 크고 단단한 장애물 근처에서 메아리를 들어보면 분명하게 확인할 수 있다. 물체가 10m 이상 떨어져 있으면, 귀에 직접 도달하는 파동과 장애물에 반사되는 파동 사이에 지연이 나타나는데, 귀가 서로 다른 두 신호를 구별할 수 있을 정도로 그 차이가 매우 크다.

반면에 장애물에 가까워지면, 가깝고 단단한 벽으로 둘러싸인 샤워실 안에서 하는 노래처럼 모든 벽에서 반사되는데, 귀에 도달하기 전에 여러 번 반사될 수 있다. 파동은 모든 면에 도달하고 시간은 다르지만 큰 차이는 없다. 그래서 메아리를 들을 때처럼 그 차이를 하나하나 구분할 수는 없다. 반대로 우리가 강하게 인식하는 현상 중 잔향reverberation이 있다. 음악 장치를 꺼도 소리가 바로 사라지지 않고 몇 초간 남아 있다가 조금씩 사라진다. 그래서 샤워실에서 노래하면 소리가 조금씩 흐려지고, 형편없는 가수의 불안한 소리도 부분적으로 지워진다.

소리의 반사는 또 다른 파동인 빛을 거울로 실험하는 것과 비슷하다. 2개의 북을 볼 수 있게 하는 큰 거울이 멀리에 있다고 상상해보자. 그리고 북 하나는 옆에, 나머지는 앞에 보이게 둔다. 북을 연주하면, 소리가 양쪽에서 오는 것 같다. 물론 거리가 멀수록 소리가 늦게 온다. 그러나 빛의 파동은 너무 빨라서 2개의 북이 눈에 들어오는 시간 차이를 인식할 수 없다. 이제 샤워하고 있는 욕실의 모든 벽이 거울이라고 상상해 보자. 수많은 우리 모습을 보게 될 것이다. 내가 노래할 때, 수많은 내가 노래하고 있다고 느낄 것이다. 그리고 지연되는 차이를 느낄 수 없는 수많은 복제 인간이 거대한 합창을 한다. 거울도 단단한 벽도 완전히 반사되지는 않는다. 반사할 때마다 뭔가 손실이 된다. 만일 그렇지 않다면 소리가 절대 멈추지 않을 것이다.

음향의 핵심

———

둘째, 소리는 흡수될 수 있다. 카펫과 커튼, 겨울의 눈 또는 계란 판의 표면에서 소리가 흡수되기 때문에 이것들로 벽에 방음을 하기도 한다. 따라서 방음벽을 설치한 방은 울림이나 잔향이 생길 수 없다. 좋은 콘서트홀에는 잔향이 필요하다. 반대로 극장이나 강연장에서는 말소리가 남으면, 강연의 명료성이 떨어져서 별로 좋지 않다.

소량의 잔향은 음악에는 도움이 되기도 한다. 관객들에게 따뜻함과 깊이를 느끼게 하기 때문이다. 특히 클래식 음악의 경우에는 더 도움이 된다. 반면에 소리가 훨씬 강하고 전자 증폭 시스템을 이용하는 록 콘서트에서는 잔향이 별로 환영받지 못한다(욕실에서 전기 기타를 큰 소리로 연주해보면 안다).

그러나 콘서트홀을 만들 때 고려해야 할 또 다른 중요한 현상이 있다. 모두가 똑같은 소리를 듣는 게 아니기 때문에, 전 좌석에 있는 사람들과 음악가들이 좋은 경험을 하도록 효과를 극대화해야 하는 게 매우 중요하다. 이런 걸 고려하지 않고 만들어진 장소에 마이크를 설치하는 기술은 결코 쉽지 않다.

캐번 클럽 지붕처럼 곡면 벽이 있는 곳에서는 상황이 더 안 좋을 수도 있다. 포물선 모양의 거울을 상상해 보면 안다. 이것은 한 지점에 햇빛을 집중시켜 온도를 높이고 요리할 수 있는 '태양열 오븐'을 만드는 데 사용되기도 한다. 곡면 벽은 음향 효과를 낼 수 있는데, 실내에 불규칙한 진폭과 잔향이 발생한다. 물론 종종 특정 목적으로 설계될 때 곡면이 음향적으로 유용할 수도 있다. 하지만 딱딱한 벽과 좁은 공간의 캐번 클럽 같은 공간은 곡면 지붕 때문에 저예산 녹음에는 적절한 장소가 아니다.

보스와 춤추고 싶어

폴 매카트니가 늘 "1, 2, 3, 4……!"라고 소리 지르며 시작하는 쇼 오프닝 곡 〈I Saw Her Standing There〉가 시작된 바로 그 순간이었다. 조금 전도, 조금 후도 아닌 바로 그 순간, 매사추세츠 공과대학MIT 엔지니어인 아마르 보스Amar Bose가 처음으로 멋진 영감을 얻었다. 1년 후 그는 그걸 바탕으로 회사인 '보스Bose Corporation'를 차렸다.

그는 스피커가 방의 벽을 타고 소리를 퍼뜨려야 한다고 생각했다. 아주 간단한 생각이었다. 그는 라이브 콘서트에서 들을 수 있는 대부분의 소리가 음원에서 직접 나오는 게 아니라, 간접적으로 벽과 천장의 반사음에서 오는 것임을 알고 있었다. 만일 스피커가 벽으로 소리를 퍼뜨릴 수 있는 기하학적 특징을 갖춘다면, 콘서트홀과 훨씬 더 비슷한 음향 경험을 할 수 있을 거라 생각했다.

그가 처음 만든 제품들은 별로 성공을 거두지 못했지만 마침내 주력 제품인 '보스 901' 스피커가 탄생했다. 이것은 오각형 모양의 9개 스피커로 대부분의 소리가 벽에 반사된다. 이 모델은 큰 성공을 거두었다. 결국 〈Please Please Me〉는 보스를 위한 곡이었다. 그때부터 회사는 폭발적인 상승세를 보였고, 이 창업자는 세계 남성 부호 300인 안에 들어가게 되었다.

보스의 전략은 항상 기본 연구에 대한 많은 투자를 하는 것이었다. 특히 심리 음향 분야에서 뇌의 소리에 대한 인식 연구에 박차를 가했다. 이 회사는 외부 소음을 없애는 보청기, 자동차 현가 장치(주행 중 노면에서 받은 충격이나 진동을 완화하여 승차감과 안정성을 향상시키는 장치)까지 다양한 발명품을 책임지고 있다.

보스는 2004년 〈파퓰러 사이언스Popular Science〉와의 인터뷰에서 자신의 회사는 종종 하나의 아이디어를 위해 위험을 무릅쓴다고 말했다. 그의 동기는 오직 과학적 호기심과 미지의 영역을 찾고자 하는 욕망이었다. 그는 "제가 MBA 과정을 마친 사람들이 이끄는 회사에 다녔다면 아마도 백 번도 넘게 해고를 당했을 것입니다. 저는 돈을 벌기 위해 이 사업에 뛰어든 게 아닙니다. 저는 한 번도 한 적 없는 재미있는 일을 하기 위해 이것을 시작했습니다"라고 말했다.

보스 기업의 슬로건은 진정한 설립자 정신을 반영하고 있다. 바로 '연구를 통한 더 나은 사운드'다. 연구가 이 기업의 핵심이다. 새로운 것과 미지의 영역에 대한 열정적 호기심은 거의 모든 혁명적 혁신에 늘 존재했다. 거인들의 어깨• 위에서 해야 하는 지적 게임이다. 만일 그곳이 뉴턴, 아인슈타인 또는 유명 로큰롤 가수

겸 피아니스트 리틀 리처드Little Richard의 어깨라면, 대체로 마술 같은 결과가 나타날 것이다.

아마도 50년 전 캐번 클럽에서 열린 콘서트에 참여한 행운의 500명은 그 마술을 지켜봤을 것이다. 또 MIT에서 보스가 가르치는 심리 음향학 연구에 대한 유명한 수업을 들은 학생들과 유명한 수학자이자 그의 박사학위 논문 감독인 노버트 위너Norbert Wiener와 보스의 대화를 들은 학생들도 그것을 봤을 것이다.

위대한 혁신과 위대한 이론, 위대한 노래에는 하나의 뿌리와 공통의 결과가 있다. 나는 비틀즈의 첫 번째 앨범을 다시 들으면서 이것을 경험한다. 보스와 반세기의 충실한 시스템 연구 덕분에 나는 눈을 감고 캐번 클럽에 들어가서 엄청난 혁신의 조짐을 최초로 깨달은 음반 기획자 브라이언 엡스타인Brian Epstein을 만날 수 있다.

● "내가 남들보다 더 멀리 보아왔다면, 그것은 거인들의 어깨 위에 서 있었기 때문이다"라는 뉴턴의 편지 문구 차용

31

—

초전도 세계

—

지구의 동맥은 구리로 되어 있다. 거의 모든 활동에 필요한 에너지는 석탄이나 물 또는 원자핵 에너지를 전기로 변환하는 발전소로부터 이 금속 선을 통해 먼 여행을 거친 후에야 사용된다. 또한, 구리는 가장 얇은 모세혈관으로 텔레비전과 전화 또는 세탁기 회로 내에서 에너지를 전달한다.

정상 압력 및 온도 조건에서 은의 전도 능력은 구리를 능가한다. 그러나 은은 가격 때문에 대량 사용이 불가능하다. 구리선을 통해 전류를 전달하는 것보다 더 좋은 에너지 분배 방법이 없으니 금속 사이에서 특권을 쥐고 있는 셈이다.

매년 세계 광산에서 추출되는 구리의 3분의 1은 칠레에서 생산

된다. 연간 약 600만 톤이다. 칠레 수출의 60%는 이 금속이 차지한다. 칠레로서는 매우 주요한 수입원인 셈이다. 이 나라는 얼마나 오래 그 혜택을 누릴 수 있을까? 예측하기는 어렵다. 이것은 이곳 사막에 떨어진 예상치 못한 선물이다. 칠레는 구리가 전류의 저항이 작아서 귀족 미네랄이란 칭호를 받게 된 중요한 과학 연구에도 참여하지도 않았다. 이 연구는 18세기의 첫 10년 동안 영국에서 이루어졌다.

아마도 이것은 마당에 우연히 굴러들어온 커다란 복덩어리라고 해야 할 것 같다. 수년 동안 우수한 전도체가 많이 발견되었다. 예를 들어, 그래핀Graphene은 가장 최근에 발견한 것 중 하나이다. 그것은 구리보다 더 나은 도체가 될 수 있는 탄소 형태를 지녔다. 그러나 그 경주의 위대한 도약은 정확히 100년 전에 일어났다. 헤이커 카메를링 오너스Heike Kamerlingh Onnes가 초전도성superconductivity 현상을 관찰했다. 즉, 어떤 저항도 없이 전기를 전달하는 물질의 특성이다. 안타깝게도 아직은 우리의 재정 상황으로는 구리와 경쟁할 만한 가격으로 그것을 제조할 수가 없다. 그러나 조심해야한다. 승리의 영광 위에서 절대 잠들어서는 안 된다는 사실을.

불쌍한 중년의 남자

___

이 과학은 300년 전, 스티븐 그레이Stephen Gray라는 40대의 가난하고 외로운 남자가 런던에 있는 차터하우스Charterhouse에 들어오면서 시작되었다. 이곳은 국가를 위해 일했지만 불안정하게 사는 사람들을 위한 쉼터였다. 그는 그 시대 가장 유명한 천문학자 중 한 명인 존 플램스티드John Flamsteed와 함께 일하러 왔던 독학자였다. 플램스티드는 그리니치 천문대를 세우고 초대 왕실 천문관으로 임명되었다. 하지만 불행히도 플램스티드와의 우정은 그레이가 영국 과학계로 들어가는 데 걸림돌이었다.

플램스티드는 역사상 모든 과학자 중 가장 영향력 있던 아이작 뉴턴이 자기 관측 자료로 얻은 기초 자료를 불법으로 사용했다고 비난해서 적이 되었다. 그 결과 그레이도 학계에서 안정된 직업을 얻지 못했다. 절망적인 상황에 닥친 친구에게 플램스티드가 해줄 수 유일한 일은 차터하우스에 머물 곳을 잡아주는 것뿐이었다. 그레이는 여생을 전기 실험으로 보냈다. 거기에서 그는 1729년에 전하라고 불리던 전기량이 이 물체에서 저 물체로 전달될 수 있음을 발견했다. 그러던 그는 1736년, 극심한 빈곤 속에서 69세 나이에 사망했다.

스티븐 그레이는 전기를 얻기 위해 그 당시 늘 하던 방법대로 유리관을 문질렀다. 그러자 그 유리관은 가벼운 물체를 끌어당길 수 있었다. 그는 관 내부에 먼지와 습기를 없애기 위해, 코르크 마개로 양 끝을 막았다. 그의 주요 관찰은 관을 문지르고 나서 어떻게 코르크가 깃털을 끌어당길 수 있는가를 알아보는 것이었다. 어떻든 전하는 유리관에서 코르크로 이동했다. 그는 즉시 다른 재료로도 시험하기 시작했고, 전하가 얼마나 다양한 크기와 재질의 물체들 사이에서 전달될 수 있는 성질을 가졌는지 확인했다.

이후에는 수백 미터의 도체 케이블을 통해 전기를 전송할 수 있게 되었다.

무저항

—

스티븐 그레이가 차터하우스에 들어가고 200년 후, 네덜란드 물리학자, 헤이커 카메를링 오너스Heike Kamerlingh Onnes가 라이덴 대학교에서 그와 유사한 실험을 했다.

그는 당시 권위 있는 실험주의자였다. 그는 1908년 액체 상태로 만들 수 없었던 유일한 기체인 헬륨을 액화시키는 데 성공했다. 이를 위해 그가 얻어낸 -270℃는 당시의 온도 기록을 깨뜨린 것이었다. 이 온도는 소위 '절대영도(-273.15℃)'보다 3도 높았다. 최저 온도는 이미 8장 '우리가 잃어버린 모든 것'에서 말한 적이 있다. 그의 기술 덕분에 이론가들에게 논란거리였던 매우 낮은 온도에서 다른 물체들의 전도율 특성을 탐구할 수 있게 되었다.

과학사에서 매우 중요한 순간인 1911년 4월 8일은 그가 유리관 내부에 정제 수은을 얼리고 끝부분에 전극을 사용해 금속으로 전류를 통과시킨 날이다. 그는 온도를 낮추던 중 저항을 측정하다가, 절대온도 4.2k가 되면 수은 저항이 측정할 수 없을 정도로 급격히 떨어진다는 사실을 발견했다. 그는 자신의 수첩에 "수은, 사실상 제로(0)"라고 적었는데, 이것은 오늘날 라이덴의 부르하버 박물관에 전시되어 있다. 그리고 그는 2년만인 1913년에 〈저온에서 물질의 특성에 대한 연구들)로 노벨 물리학상을 받았다.

나중에 납이나 니오븀과 같은 몇몇 다른 금속이 매우 낮은 온도에서 초전도체임이 밝혀졌다. "어떻게 전류가 저항 없이 흐를 수 있을까?" 그 당시 모두가 했던 질문이다. 물리학에서는 그 복잡한 질문에 대답하는 데 거의 50년이 걸렸다.

전도 이론

금속이 전기를 전도하는 이유는 물질의 원자 구조 때문이다. 원자, 그러니까 구리의 원자는 양전하를 띤 핵과 핵보다 훨씬 가벼우면서 그 주변을 도는 전자로 구성되어 있다. 그 핵은 고체 구리의 단단한 골격인 토대를 만드는 격자 형태로 배열된다. 전자는 이에 비해 무질서하다. 핵에 가까운 전자들은 운동성이 거의 없고, 반대로 멀리 떨어져 있는 전자들은 핵과 핵 사이를 자유롭게 움직일 수 있다. 자유 전자free electron라고 불리는 이들이 금속의 전도성을 담당한다. 핵은 움직일 수 없지만 진동할 수는 있다. 따라서 전자가 핵과 충돌하면 에너지 일부를 전달하여 진동을 일으킬 수 있다. 이러한 충돌에 의한 전자의 에너지 손실이 전기 저항을 일으킨다.

이 원자 구조 이미지는 완성이라고 말하기엔 매우 부족한 수준이었다. 1920년대 양자역학의 등장 전 미리 보기 정도인데, 이후 양자역학으로 훨씬 더 자세한 설명이 가능해졌다. 양자역학은 헤이커 카메를링 오너스가 관찰한 초전도성을 이해하는 데 매우 중요한 이론 중 하나였다. 이론가들이 이 현상의 메커니즘을 공개한 때는 1957년이었다. 그해 미국인 존 바딘John Bardeen, 레온 쿠퍼 Leon Cooper 및 존 로버트 슈리퍼John Robert Scherieffer는 'BCS 이론'으로 알려진 '초전도체 이론'을 발표했다. BCS 이론은 특정 종류의 전도 물질이 절대온도 0도에 접근하면 갑자기 저항이 0이 되고 전도체가 된다는 초전도 현상을 설명한 이론이다.

양자역학이 BCS 모델에 영향을 끼친 기초는 '에너지 갭energy gap'이다. 전자는 핵의 네트워크와 임의로 적은 양의 에너지를 교환할 수 없게 되어 있다. 카지노에서 베팅할 때 최소 금액이 있는 것처럼, 양자 이론에서는 에너지 갭이 있다.

최소 베팅보다 적은 돈으로는 카지노 칩과 돈을 교환하지 못하는 것처럼, 전자와 핵이 충분히 활력이 넘치지 않으면 에너지를 교환할 수 없다. 칩과 교환하지 못하면 돈을 잃을 염려가 없어 안전하고, 전자는 에너지를 잃지 않고 안정적이라서 물체에 저항 없이 흐르게 된다. 사용 가능한 에너지가 거의 없다는 뜻은 온도가 매우 낮고, 전류가 과도하게 높지 않다는 걸 의미한다. BCS 이론에서 초전도 현상은 절대영도에서 최대 30도 높은 온도까지도 초전도성을 설명할 수 있기 때문에 헤이커 카메를링 오너스의 관찰과도 호환된다.

이 연구로 쿠퍼와 슈리퍼, 그리고 바딘은 1972년에 노벨 물리학상을 받았다. 바딘은 이미 1956년 트랜지스터 발명으로 상을 받은 적이 있다. 따라서 그는 노벨 물리학상을 두 번 수상한 유일한 과학자가 되었다.

자력의 문제

—

초전도성은 과학자들에게 지적 즐거움을 주었을 뿐만 아니라, 몇 가지 혁신적인 기술을 가능케 했다. 아마도 가장 중요한 것은 핵자기공명nuclear magnetic resonance, NMR일 것이다. 우리는 병원에서 강한 자기장이 발생하는 커다란 자석 통에 들어간다. 그리고 정교한 메커니즘을 사용해 몸에 대한 자세한 3차원 이미지를 얻는다.

여기에서 주인공은 자기장인데 그 강도와 공간 확장은 초전도체가 없으면 매우 힘들 것이다. 자기장을 만들기 위해서 우선 쇠못에 도선을 감고 배터리를 연결해 보자. 그러면 그 철은 자석, 그러니까 전자석이 된다. 핵자기공명NMR에서 필요한 자기장은 크기 때문에, 만일 구리선으로 만든다면, 전류로 인해 뜨거워지고 결국 녹게 될 것이다. 그래서 이 장비에는 순환하는 전자가 에너지를 잃지 않도록 가열되지 않는 초전도 케이블이 사용된다. 반드시 이 장비는 절대영도보다 조금 높은 초전도 재료를 냉각시킬 수 있는 시스템을 갖추어야 한다.

초전도체에 필요한 온도로 냉각하는 일은 전기 에너지를 손실 없이 전달하는 것처럼 우리가 꿈꾸는 응용 분야의 상용화에 걸림돌이 된다. 냉각 비용이 모든 절약 비용을 능가하기 때문이다. 그러나 80년대 후반, 훨씬 더 높은 온도에서 가능한 초전도 물질을 발견하면서 새로운 희망이 생겼다. 오늘날, 그 기록은 절대영도보다 135도 높은, 약 -138℃에 이른다.

불행히도 이 온도에서 초전도성을 설명할 수 있는 이론은 없다. 만일 생긴다면 더 나은 소재 설계에 큰 도움이 될 것이다. 그사이에 전 세계는 전기 에너지 운반에 필요한 모든 기술을 구리에 의존하고 있다. 두 나라 사이든 헤어드라이어 내부 두 지점 사이든 다 구리에 의존한다. 물론 덕분에 칠레의 국가 재정에는 도움이 되고 있다.

32

—

구글은 모든 것을 알고 있다?

—

구글Google은 매우 짧은 시간 내에 꼭 필요한 일들을 잘해왔다. 이 거대한 유비쿼터스 기업은 스탠퍼드 대학교 컴퓨터 과학 박사 과정에 있던 세르게이 브린Sergey Brin의 친구인 수잔 보이치키Susan Wojcicki의 차고에서 태어났다. 브린은 친구인 래리 페이지Larry Page와 함께 몇 달 전 첫 개인 종잣돈인 10만 달러 수표를 받았다. 두 학생은 선 마이크로시스템즈Sun Microsystems 창립자 중 한 명인 안드레아스 폰 베흐톨스하임Andreas von Bechtolsheim과의 짧은 만남 후 계약을 맺었다.

안드레아스는 그들이 손에 쥐고 있는 것을 재빨리 감지했다. 그는 브린이 당좌 예금 계좌를 가지고 있지 않다고 하자 수표를 주었다. 기자이자 작가인 스티븐 레비Steven Levy에 따르면, 안드레아스는 그들에게 "계좌가 생기면 예금하게"라고 대답했다.

래리 페이지와 브린이 쥐고 있던 건 알고리즘, 즉 컴퓨터에서 구현하기 위한 일련의 명령어들이었다. 즉 '응용 프로그램'이다. 페이지랭크PageRank 알고리즘 덕분에 이전과는 비교할 수 없이 효율적으로 네트워크를 검색할 수 있게 되었다.

그러나 이 사업은 이 두 야심 찬 젊은이가 처음부터 생각했던 게 아니었다. 그들은 원래 기초 연구를 하고 있었다. 페이지는 경제잡지 〈비즈니스위크Businessweek〉에서 "어떻든 구글은 거기에서 태어났다. 우리는 웹web과 데이터 마이닝data mining에 관심이 있었다. 이 검색 기술을 마무리하면서 뭔가 좋은 것을 가지고 있다는 걸 깨달았다"라고 말했다.

이후 그들의 목적이 바뀌었다. 그들은 '세계 정보를 체계화하고 보편적으로 접근 가능하며 유용하게 만드는' 사명을 가진 기업을 설립하기 위해 기존 연구를 그만두었다. 그들을 움직인 건 돈이 아니었다. 그들에게는 세상을 바꾸고 싶다는 더 큰 야망이 있었다. 그리고 그들은 그 꿈을 이루었다. 당시 안드레아스의 초기 투자 금액을 오늘날로 환산하면 약 20억 달러에 이른다.

꿈대로, 생각하는 대로

정보 검색은 '월드와이드웹World Wide Web'과 함께 태어난 게 아니다. 실제로, 미국 엔지니어인 배너바 부시Vannevar Bush가 1945년에 출간한 기고문인《우리가 생각하는 대로As We May Think》에서 반세 기 후에 구현될 많은 기술의 토대가 이미 마련되었다.

부시는 과학이 직면한 커다란 문제 중 하나가 엄청난 발전 속 도 때문에 과학자들이 새 프로젝트에 대한 관련 정보를 찾기가 점 점 어려워지는 것이라 생각했다. 저장은 그렇게 큰 문제가 아니었 다. 이미 그 당시 부시는 마이크로필름 기술 덕분에 브리태니커 백과사전 전권을 성냥갑 한 개 정도의 크기로 축소할 수 있다는 걸 알았다(흥미롭게도 리처드 파인만은 1959년의 유명한 나노 기술 강연에서 다시 이 비유를 사용했다. 그러나 대신 그는 핀 머리에 백과사전을 통째로 쓰는 가능성에 관해서 이야기했다).

부시는 인간이 출간한 모든 자료를 이삿짐 트럭 용량으로 간단 하게 압축할 수 있다고 생각했다. 문제는 그 많은 정보를 효과적 으로 조사하는 방법이었다. 그는 마이크로피시microfiche●의 형태 로 모든 도서관을 포함하는 기억 확장 장치 '메멕스Memex, Memory Extender'를 상상했다. 광학 판독기와 기계 시스템을 통해 작업하는 이 기계는 색인을 통해서만 정보에 접근할 수 있는 게 아니었다. 그럴 뿐만 아니라 오늘날 웹 페이지에서 링크하는 것과 비슷한 방 법으로 도서관의 여러 텍스트를 연결할 수 있었다.

부시의 꿈을 실현하는 데 필요한 기술은 1989년 유럽 입자물 리연구소CERN에서 나왔다. 이곳에서 정보 과학 전문가인 팀 버너

● 책의 각 페이지를 축소 촬영한 시트 필름

스리Timothy John Berners-Lee가 '비디오 게임과 우연한 축복'에서 말했듯이 월드와이드웹을 만들었다. 오늘날 'www'는 빠르게 발전하고 모든 사람에게 공짜로 열려 있다. 사이버 공간에는 약 500억 개의 웹 페이지가 있는데, 모두 복잡한 링크 네트워크로 연결되어 있다.

정보는 그것을 조직하는 방법이 없다면 아무 소용이 없을 것이다. 구글Google이라는 이름은 구골Googol에서 왔다. 이 단어는 10^{100}, 즉 1 뒤에 0이 100개 달린 숫자이다. 그전에는 그 누구도 정말 믿을 만하고 유용하며, 빠르게 많은 정보를 처리할 수 있는 정보 조직 및 검색 시스템을 만들 수가 없었다.

조작 검증 알고리즘

팀 버니스리와 마찬가지로 페이지와 브린도 그들이 발견한 것을 처음부터 찾았던 건 아니다. 그들은 미국국립과학재단NSF이 후원하는 프로젝트에 참여했었다. 이 '디지털 도서관 프로젝트'는 90년대 초반에 시작되었고, 책임 연구원들은 페이지와 브린의 박사 논문 지도교수인 엑토르 가르시아-모리나Héctor García-Molina와 테리 위그노어드Terry Winograd였다. 바로 이 프로젝트에서 페이지랭크 알고리즘이 탄생했다.

그때까지 'www' 검색 엔진은 기본적으로 키워드를 찾는 방식이었다. 예를 들어, 만일 밥 딜런Bob Dylan에 대한 페이지를 찾고 싶으면, 이 프로그램은 색인에 있는 모든 웹 페이지에서 이 두 단어를 검색해서 더 많이 일치하는 결과를 보여 주었다.

그러나 이 시스템에는 몇 가지 문제점이 있었다. 첫째, 검색할 단어가 포함된 페이지가 많아서 어디가 더 관련성이 높은지 알아내는 게 어려웠다. 둘째, 일부 사용자가 이것을 악용했다. 페이지 끝부분에 전체 딕셔너리● 사본을 덧붙였다(그것들을 숨기려고 배경색과 같은 색으로 글자 표시했다). 즉, '밥 딜런'을 찾으면, 피자집 페이지가 열리도록 조작했다.

페이지랭크PageRank는 이 두 가지 문제를 공략했다. 검색 단어가 포함된 페이지들에 순위를 매기고 사용자에게 가장 중요도가 높은 페이지만 제공하는 것이 목표였다. 이를 위해 학교에서 널리 사용하던 기준을 사용했다. 한 논문의 신뢰도나 권위를 다른 논문 작업에서 인용한 횟수로 평가하는 방식이다. 즉, 많이 인용된 논문일수록 좋은 논문으로 평가된다.

이 방법은 'www'에서도 똑같이 따라 할 수 있을 뿐만 아니라, 자동적으로 할 수 있다. 논문에서 인용은 웹 페이지에서 곧 링크를 뜻한다. 더 중요한 페이지는 다른 페이지들에 더 많이 링크된다는 것을 의미한다. 이 방법으로, 링크된 숫자에 따라 페이지의 중요도를 매길 수 있다. 하지만 모든 표, 즉 링크가 다 똑같은 가치를 갖는 건 아니다. 순위를 정할 때는 알려지지 않은 페이지보다 인기 있는 페이지의 투표가 더 가치가 높다.

● 프로그램 등에서 쓰이는 코드나 용어의 일람표

페이지의 중요도를 계산하는 문제는 그리 간단하지 않다. 특히 재귀적 관계Recursive Relationship라는 수학적 문제가 있다. 페이지의 중요도를 결정하려면 그것을 링크한 페이지의 중요도를 알아야 하는데, 우리는 그것을 모른다. 모르는 양을 찾기 위해서는 먼저 알지 못하는 다른 수량을 알아내야 한다는 게 참 아이러니이다.

다행히도 브린과 페이지에게 그 수학은 큰 문제가 아니었다. 그들은 그 문제를 신속하게 해결하고 1996년에 알고리즘을 작성했다. 처음에 그들은 이러한 진전이 박사 학위 논문의 일부가 되는 정도일 거라 생각했다. 하지만, 그 성공으로 인해 그들의 계획이 완전히 바뀌었다. 구글은 스탠퍼드 대학교에서 운영되기 시작했다. 1998년 대학을 떠나서 회사를 설립하기 전까지 그들은 전체 스탠퍼드 대역폭(컴퓨터 네트워크나 인터넷이 특정 시간 내에 보낼 수 있는 정보량)의 절반을 사용하여 구글 검색 서비스를 제공했다.

많은 검색을 통한 학습

한 페이지에서 가리키는 링크들이 무엇인지는 그냥 살펴보기만 하면 알 수 있다. 그러나 어떤 링크들이 그 페이지를 가리키는지를 아는 것은 훨씬 더 복잡한 문제이다. 이를 위해서는 웹 전체를 알아야 한다.

구글과 그 전임자들(및 경쟁 업체)은 '거미spider'라는 응용 프로그램을 사용한다. 이것은 자동으로 웹을 스캔해서 각 페이지 정보를 얻고, 각 페이지에서 인용한 링크들을 방문하는 프로그램이다. 따라서 나중에 검색하게 될 색인을 작성하는 데 필요한 모든 정보를 수집한다. 구글에서 검색어를 치면 전체 네트워크에서 검색하는 게 아니라, 검색 엔진 서버에 저장된 큰 색인을 검색한다. 거미들은 새로운 페이지를 찾고 이미 알려진 다른 페이지들의 정보를 업데이트하기 위해 계속 탐험해야 한다.

거미들이 모으는 엄청나게 많은 정보량에 다른 하나가 추가되어 매우 커지고, 조금씩 그것이 그 기업의 정보 과학 전문가들 사이에서 주역이 되었다. 그것은 '로그(기록)'에 관한 것이다. 시스템 사용자가 남긴 정보에는 찾은 검색어, 사이트에 머문 시간, 남겨둔 링크가 있다. 예를 들어, 구글에서 생각하는 만족스러운 사용자란 첫 번째 검색 후에 사이트를 신속하게 나가고 다시 돌아오지 않는 사람이다. 반대로 검색 결과가 만족스럽지 않은 사람은 검색 결과로 돌아가거나 새 검색어로 다시 검색한다. 그들은 이런 방식으로 사용자의 행동과 그들이 언제 만족하는지, 또는 어떻게 검색 기준을 변경해 필요한 내용을 찾는지 알 수 있다.

이 모든 정보를 통해 구글은 피드백을 받을 수 있었다. 인공지능 기법을 사용해 컴퓨터 과학 분야에서처럼 인간 행동을 모델링하는 방법을 이해했다. 이것은 더는 단순한 검색만을 의미하지 않는다. 사용자가 검색하는 단어뿐만 아니라, 문맥과 사용 장소에 따라 사용자가 정말 원하는 것이 무엇인지 이해하는 것이다. 구글 프로그램은 사용자의 움직임을 통해 '학습'한다. 예를 들어, '밥 딜런'을 검색하다 만족스럽지 않으면, '로버트 앨런 짐머맨'이라고 검색할 것이고, 이럴 때 이 프로그램은 이 두 단어가 동일 인물임을 학습하게 될 것이다. 그래도 여전히 결과가 만족스럽지 않다면, '1965년 포크 음악'이라고 찾아볼 것이다. 이것이 바로 우리가 그 기계에 뭔가를 가르치는 방법이다. 사실상 구글은 인공지능을 사용해 현존하는 최고의 기계 번역 시스템을 개발했다.

2004년 기자인 스티븐 레비는 래리 페이지에게 회사의 미래를 어떻게 내다보는지를 질문했다. 그러자 그는 "사람들의 두뇌에 들어가게 될 것입니다. 당신이 무언가를 생각하는데 그것에 대해서 잘 알지 못할 때, 자동으로 정보를 받게 될 것입니다"라고 대답했다. 브린은 "결국 제가 보는 구글은 세상의 지식으로 당신의 뇌를 키우는 방법입니다"라고 덧붙였다. 만일 별 볼 일 없는 사람이 이런 말을 했다면 그냥 웃고 넘길 것이다. 하지만 이것은 불가능이란 없다는 것을 알고 있는, 매우 뛰어난 두 사람이 한 말이다.

33

—

민주주의의 수학

—

새로운 선거를 앞두고 다양한 선거 제도의 공평성에 대한 논쟁이 쏟아질 때마다 빼놓지 않고 나오는 질문이 있다. 과연 완벽하게 공평한 선거 제도가 존재할까?

직감적으로 없다는 생각이 머리를 스친다. 테니스 경기를 예로 들어 보자. 상대편이 각 세트 게임에서 총득점이 높더라도(예를 들어, 0-6, 6-4, 6-4의 3세트로 이길 때), 내가 이길 수 있다. 미국에서 대통령 당선인이 시민들의 과반수 득표 없이도 당선될 수 있는 것처럼, 이는 다소 불공평하다고 할 수도 있다. 게임당 점수는 미국 대선으로 볼 때는 시민에 해당하고, 게임들이 곧 선거인단들에 해당한다. 그러나 규칙은 그것이 공평하든 불공평하든 우리가 원하는 게임 방식을 반영하게 된다. 선거 제도는 사회 행동에 영향을 미치는데, 테니스 점수 규칙이 테니스 선수의 행동에 영향을 미치는 것과 같다.

따라서 선거 방법에 따라 장단점이 다양한데, 물론 나는 이런 변화들을 다루는 전문가는 아니다. 그러나 추상적인 수학 세계 속 상상으로만 존재하는 완벽한 사회에서, 최소한의 조건으로 선거 제도를 만들어도 결국 두려운 결론에 도달하게 될 것이다. 즉, 유한한 인간 집단에서 모두의 선호도를 완벽하게 반영할 만한 시스템은 존재하지 않는다.

이런 결과는 1951년 뉴욕 경제학자 케네스 애로Kenneth Joseph Arrow가 박사 학위 논문에서 처음 발표했다. 거기에서 그는 오늘날 〈애로의 불가능성 정리Arrow's impossibility theorem라고 알려진 내용을 정립하고, 동시에 새로운 분야, 즉 '사회적 선택 이론Social Choice Theory'을 만들었다. 그리고 1972년 노벨 경제학상을 받았다. 당시 그는 51세였고 이 분야 수상자 중 가장 젊었다.

콩도르세: 역설과 벌

___

콩도르세 후작으로 알려진 마르퀴스 드 콩도르세Marquis de Marie Jean Antoine Nicolas de Caritat Condorcet는 18세기 최고의 석학 중 하나였다. 그는 프랑스혁명의 영향력 있는 지도자일 뿐만 아니라, 철학, 사회 과학 및 수학을 연구하기도 했다.

그는 과학이 모든 것을 해결할 수 있어야 한다고 생각했고, 사회 문제 연구를 위해 수학을 처음으로 사용한 사람이었을 것이다. 그는 "모든 현상은 똑같이 계산될 수 있다. 뉴턴이 계산 덕분에 발견한 것과 비슷한 법칙으로 자연계를 축소하기 위해서는 충분한 관찰과 충분히 복잡한 수학이 필요하다"라고 썼다. 특히 완벽한 선거 제도를 찾기 위해서는 수학을 사용해야 한다고 생각했다. 그에게는 이것이 선거에 최적으로 유권자들의 선호도를 반영하고 민주주의 정의를 끌어낼 수 있는 방법이었다.

당시 그는 '콩도르세의 기준'이라는 시스템을 구축하고, 동시에 놀라운 역설을 발견했다. 어떤 선거에 3명의 후보자가 있다고 가정해 보자. 각 유권자는 선호도 우선순위에 따라 후보자를 순서대로 정해야 한다. 콩도르세의 기준에 따르면, 당선자는 나머지 둘 중 누구와 비교해도 더 많은 표를 얻은 후보자이다. 너무 당연해 보이지만, 여기에 역설적인 상황이 생긴다. 예를 한번 들어보자(애로우가 논문에서 논의했던 것 중 하나이다).

3명의 후보자인 빨강과 노랑, 초록이 있다고 가정해 보자. 그리고 3명의 유권자인 페드로, 후안, 디에고가 있다. 단, 예시이기 때문에 사실 여부는 중요하지 않다. 페드로는 초록보다 노랑을, 노랑보다 빨강을 좋아한다. 후안은 빨강보다 초록을, 초록보다 노랑을 좋아한다. 디에고는 노랑보다 빨강을, 빨강보다 초록을 좋아한다. 그렇다면 누가 뽑힐까? 대부분이 노랑보다 빨강을 좋아한다(페드로와 디에고). 또한, 대부분이 초록보다 노랑을 좋아한다(페드로와 후안). 이 경우 우리는 이 마을에서는 빨강을 노랑보다 좋아하고, 노랑을 초록보다 좋아하기 때문에, 빨강이 선출되고 초록이 떨어질 거라 생각한다. 하지만, 놀랍게도 투표 결과 대부분이 초록을 빨강보다 좋아했다(후안과 디에고). 이것이 바로 아름다운 역설이다. 즉, '콩도르세의 역설'이다. 이런 경우, 콩도르세의 기준으로는 당선자를 뽑지 못한다.

이론 못지않게 콩도르세의 운명도 아이러니했다. 그는 품고 있는 정의에 대한 이상 때문에 사형을 반대했다. 그렇게 그는 루이 17세의 사형 집행을 반대하다 감옥에 가게 되었고, 거기에서 1794년 3월 의문의 죽음을 맞이했다.

가능한 한 공정하게

—

당선자를 결정하는 선거 시스템은 늘 있지만, 이것이 과연 완벽하게 공정할까? 물론 '공정한'이라는 단어를 더욱 정확히 정의해야만, 질문도 제대로 할 수 있을 것이다.

그런 가치 개념을 수학적으로 정확하게 세우는 건 어렵다. 그러나 62년 전, 미국의 경제학자 케네스 애로는 그 도전을 받아들였다. 그는 컬럼비아 대학교의 박사과정 학생이었고, 논문인 〈사회적 선택과 개인적 평가Social Choice and Individual Values〉에서 오늘날 '애로의 불가능성 정리'라고 부르는 내용을 제시했다. 이 작업에서 콩도르세의 경우와 마찬가지로 시민들의 선호도 순위를 매겨야 하는 선거 제도를 상상했다. 여기에서 애로는 예상치 못한 놀라운 사실을 증명했다. 즉, 선거 제도를 찾는 것을 불가능하다는 사실이다.

그는 '공정한' 결과에 대한 합리적인 수학적 정의를 제안했는데, 다음의 특징을 모두 준수하는 각 유권자의 선호도를 통해 사회적 선호도 순위를 매기는 공식이다. 첫째, 소위 만장일치 조건이다. 만일 모든 유권자가 한 후보자를 다른 후보자보다 선호한다면, 가령 빨강을 초록보다 많이 선호한다면, 선거 결과는 빨강이 초록을 이겼다고 선언한다. 둘째, 독재자는 없다는 조건이다. 즉, 다른 사람의 선호도와 무관하게 자기 마음대로 선거 결과를 결정하는 사람은 없다는 것이다. 셋째, 특정 후보자의 사회적 선호도는, 즉 초록과 빨강 사이의 선호도는 다른 후보자들의 존재와 무관하다는 조건이다. 즉, 만일 이 경선에서 한 후보자가 기권해도, 이것이 결과에 영향을 미치지 않는다는 것이다.

이 세 가지 특징이 모두 합리적으로 보이지만, 수학적으로는 양립할 수 없다. 불행하게도 이 증명은 우리가 살아가는 이 공간보다 훨씬 더 복잡하고 길다.

진실성 vs 버리는 표

—

위에서는 각 개인이 진심을 담아 투표했다고 가정한다. 그러나 보통은 그렇지 않다. 우리는 '버리는 표'가 될 거라며, 특정 후보자를 찍지 말라고 권유하는 사람들의 말을 종종 듣게 된다. 당선 가능성을 위해서는 비슷한 생각을 하는 사람들이 많은, 즉 가능성 있는 다른 사람을 뽑는 게 낫다는 말이다.

정직한 투표를 장려해야만 시민들의 선호도를 반영한 진짜 좋은 선거 제도가 된다. 이 문제는 1873년 영국의 수학자이자 작가인 찰스 루트위지 도지슨Charles Lutwidge Dodgson이 발견했다. 그는 필명인 루이스 캐럴Lewis Carroll로 더 유명한 인물이다. 그는 "이 제도는 선거를 유권자의 선호도를 알아보는 진짜 과정이 아니라 오히려 기술 시합으로 만든다. (…) 나는 이 시합에서 더 많은 기술을 가진 사람보다는 다수가 원하는 사람을 결정해야 한다고 생각한다"라고 썼다.

선거 제도는 개인이 원하는 결과를 얻도록 사람들의 선호도를 속일 때 조작될 수 있다고 한다. 이 현상을 연구한 선구자는 남아프리카의 로빈 파쿼슨Robin Farquharson이었다. 그는 철학자 마이클 더밋Michael Dummett과 함께 50년대 유명한 추측을 공식화했다. 그리고 70년대에는 알렌 기바드Allan Gibbard와 마크 세터스웨이트Mark Satterthwaite가 그것을 증명했다.

그것은 또 다른 불가능성 정리이다. 그는 선거 제도가 이전에 말한 만장일치 조건을 충족시키는지, 그리고 항상 동점 가능성이 없이 승자가 생기는지, 조작할 수 없는지 등의 의문을 제기했다. 역사적으로 볼 때 독재자가 될 수도 있는 거였다.

그렇지만 지금 우리는 수학에 대해서 말하고 있다. 결과적으로 보자면 어떤 방식으로든 선거 제도가 이런 모든 조건을 완전히 만족시킬 수는 없다는 거다. 또한 이러한 간단한 수학적 시나리오가 고려하지 못한 많은 변수와 복잡성이 존재한다. 모든 일이 항상 생각대로 되는 건 아니라는 사실을 깨닫는 게 중요하다. 때로는 상식이 종종 우리를 실망하게 한다. 그리고 공개 토론을 통해 종종 과학을 무시하는 분야에서조차 과학은 유용하다. 파쿼슨은 그것을 아주 잘 이해하고 있었다.

콩도르세 후작과 마찬가지로, 그 남아프리카인의 비극적인 운명도 너무나 아이러니했다. 그의 신중한 연구 대상이었던 바로 그 사회 구조가 그를 외면했다. 파쿼슨은 정신병적 증상이 강한 양극성 장애로 25세에 과학과 관련된 일을 더 이상 하지 못하고 자신의 추측조차 증명하지 못하게 되었다. 그 후 그는 임시직을 떠돌며 지인의 집이나 거리에서 자며 오랜 기간 방황했다. 또, 학계와 사회에서 소외된 자신의 삶을 다룬《드롭 아웃!Drop out!》이라는 책도 썼다. 특권과 병적 생각을 동시에 가졌던 진실한 선거계의 왕자는 1973년 4월 런던에서 42살의 나이로 사망했다.

겉으로 보기에는 분명 화재 한가운데 있었던 그의 죽음도 콩도르세만큼이나 여전히 베일에 싸여 있다.

34

—

방사성 다윈

—

잘 알려지지는 않았지만, 찰스 다윈의 연구는 핵물리학과 흥미로 운 관계가 있다. 나는 미국의 고생물학자이며, 진화학자인 스티븐 제이 굴드Stephen Jay Gould가 쓴 《플라밍고의 미소The flaming's smile》에 서 그 사실을 발견했다. 그가 쓴 에세이 중 하나는 이렇게 시작한 다. "내가 생각하는 과학 제목 중 가장 오만한 것은 1866년 월리엄 톰슨William Thomson이 쓴 유명한 책 《지질학의 동일과정설 주장에 대한 간략한 반박The Doctrine of Uniformity in Geology Briefly Refuted》이다."

이 책은 영국의 자연주의자이자 19세기 가장 위대한 물리학자 중 한 명인 월리엄 톰슨과 원자핵 발견자인 뉴질랜드 물리학자인 어니스트 러더퍼드의 이야기이다. 후자는 이미 25장 '우리 사이에 화학이 있다'에서 언급한 적이 있다.

윌리엄 톰슨은 그 시대 누구보다도 권위 있는 인물이었다. 그의 거만함 또한 가히 신화적이었다. 한때 그는 "물리학에서 이제는 더 새로 발견할 건 없다. 남아 있는 건 점점 더 정밀한 측정뿐이다"라고 말하며 물리학의 종말을 선포했다. 그러나 이 생각은 엄밀히 말하면 과학적 이유로 진화론에 위배된다. 다윈도 "지구의 젊은 나이에 관한 톰슨의 견해는 최근 가장 고통스러운 문제 중 하나이다"라고 썼다. 왜냐하면, 그는 좋은 과학자라도 자기 이론이 다른 이론과 마찬가지로 모순된 증거가 있다면 무너지기 쉽다는 것을 알고 있었기 때문이다.

그런데 진화론은 오늘날까지 많은 사람이 생각하는 것처럼 믿고 안 믿는 문제가 아니다. 그것은 아인슈타인의 상대성 이론이나 원자 이론 같은 매우 과학적인 이론이다. 간단히 말해 지구상의 모든 형태의 생명체가 서로 관련되어 있음을 보여주는 이론이다. 우리의 고대 조상은 세대 간 축적, 작은 변이 또는 돌연변이를 통해 새로운 종을 야기했다. 다윈은 이러한 변화를 일으킨 메커니즘에 '자연 선택'이라는 이름을 붙였다. 돌연변이는 무작위로 발생하는 변화이며, 생식 과정에서 유전 암호의 복제 오류로 부모에게 받지 않은 독특한 특성을 가진 개체가 태어난다. 이런 수많은 오류 대부분은 특별한 영향을 끼치지 않거나, 혹은 생명의 죽음으로 이어진다. 그러나 한편으로는 새로운 특징을 통해 경쟁에서 생존하고 복제할 수 있다는 이점도 있다. 그러므로 이런 일시적 변이는 원래 형태보다 더 높은 확률로 새로운 세대들에게 퍼진다.

다윈은 자연 선택에 의한 진화가 매우 느린 과정이어야 한다고 보았다. 따라서 삶의 다양성과 복잡성을 볼 때 우리 지구는 아주 오래되었음이 틀림없었다. 그는 지질학자들도 느린 지질학적 과정으로 지구 형태를 설명해서 같은 결론에 도달했다고 생각했다.

어쨌든 그 당시에는 지구의 나이를 측정할 방법이 없었다. 다윈은 《종의 기원Origin of Species》에서 지구 나이를 3억 년으로 추정했는데, 그의 이론들을 검증하는 데 만족할 만한 시간이었다. 그러나 1866년 윌리엄 톰슨은 그 시대 지질학에 대한 모든 생각을 불신했고, 지구가 약 2000만 년 정도로 훨씬 더 젊음을 증명했다. 왜냐하면, 만일 다윈의 생각처럼 지구가 그렇게 오래되었다면, 우선이미 완전히 냉각되었을 것이고, 또한 그 내부 에너지 원천이 알려지지 않는 한, 지구 내부에서 오는 열을 설명하지 못하기 때문이다. 그래서 당시 그의 눈에는 다윈의 생각이 비합리적으로 보였다. 결국 윌리엄 톰슨은 다윈의 자연 선택에 도전장을 내민 셈이다.

그러나 20세기 초, 앙리 베크렐Antoine Henri Becquerel과 퀴리 부부의 방사능 발견으로 윌리엄 톰슨의 생각은 무너지기 시작했다. 결국, 결정적으로 어니스트 러더퍼드도 다윈 쪽의 토론을 지지했다. 그는 방사선이 원자가 핵에 저장한 에너지를 전달하는 현상임을 깨달았기 때문이다. 그때까지 이 에너지 형태는 알려지지 않았지만, 지구의 주요 열원으로 판명되었다. 러더퍼드는 또한 방사능 연대 측정에 방사능 이론을 사용한 선구자였다. 물론 오늘날 우리는 지구의 나이가 다윈이 추정한 것보다 훨씬 많은 약 45억 년이라는 것을 알고 있다.

그럼에도 불구하고 과학계에서 윌리엄 톰슨의 권위는 러더퍼드가 떨 정도였는데 이에 대한 유명한 일화도 있다. 한번은 이 뉴질랜드 물리학자가 강연하던 중, 윌리엄 톰슨이 청중들 사이에 있다는 걸 알게 되었다. 러더퍼드는 윌리엄이 뭔가 딴죽을 걸 것으로 생각했다. 그 저명한 과학자가 지구의 나이와 관련한 자신의 견해를 말할 거라 예상했던 것이다. "다행히도 윌리엄 톰슨은 졸고 있었다. 하지만 강연의 중요한 시점에 되자, 앉아 있던 그 늙은 새는 한쪽 눈을 뜨고 나를 맹렬히 쏘아보았다. 그때 내 머릿속에 한 생각이 스쳤다. 그래서 나는 그가 지구의 새로운 에너지 원천이 발견되지 않을 때마다 지구의 나이를 줄인다고 말했다. 그 예언적 단정은 바로 토론할 내용인 라듐과 분명한 관련이 있었다. 그러자 윌리엄은 나를 쳐다보며 웃었다."

35

—

호루라기의 과학

—

경기가 곧 시작된다. 긴장감이 맴도는 경기장엔 숨소리만 가득할 뿐 조용하다. 심판이 호루라기를 입에 물자 모두가 침묵하며 기다린다. 폐 아래에 있는 근육인 횡격막이 강하게 수축하여 흉강을 확장시키고 압력을 낮추며, 약 5L의 공기가 들어가 폐를 채운다. 오늘날 칠레에서는, 추운 날, 석쇠 위에 이 부위의 고기를 구우며 축구를 즐긴다. 바로 정육점에서 횡격막이란 이름을 붙인 이 근육 덕분에 소와 심판들이 공기를 들이마실 수 있다.

심판은 폐를 완전히 팽창시키고 잠시 숨을 멈추더니 입을 통해 공기를 신속하게 내보낸다. 빠른 공기의 흐름이 호루라기 안으로 들어오고, 그 작은 장치는 공기 중에 초당 수천 번 주기적인 진동을 일으킨다. 이것이 전 방향 1,236km/h로 전파되어 수 킬로미터 떨어진 공간을 유성음으로 채운다. 그리고 파도 모양으로 계속되는 파동은 경기장 내 관객과 선수들의 고막에서 진동을 일으킨다.

피리와 호루라기는 아주 오래된 도구이지만, 특히 시끄러운 상황이나 먼 거리에서도 들릴 수 있는 호루라기를 만들기 위해 몰두하던 한 남자가 있었다. 그의 이름은 조셉 허드슨Joseph Hudson으로, 19세기 말 영국 버밍엄에 살았다. 그는 1884년 유명한 호루라기인 '애크미 썬더러Acme Thunderer'를 만들었다. 이것은 달팽이 모양의 작은 금속 호루라기로 그 안에 작은 공이 들어 있다. 허드슨이 설립한 회사인 애크미 휘슬Acme Whistles Ltd.은 2억 개 이상의 호루라기를 판매했다. 이것은 내부에 작은 공은 없었지만, 소리가 커서 전 세계 경기장에서 많이 들리던 플라스틱 호루라기인 '토네이도' 모델을 발전시킨 제품이다. 허드슨이 이것을 만들기 전에 심판들은 소리를 지르며 손수건을 흔들었다.

그런데 이렇게 작은 장치가 어떻게 귀청이 터질 듯한 소리를 낼 수 있을까? 공기는 이런 소리를 내기 위해 취구를 통해 세게 들어가서 몸체에서 휘어져서 들어갔다가 나가거나, 작은 구멍을 통해 빠져나간다. 여기저기 나누어지며 작은 회오리바람 모양이 된 공기는 호루라기 구멍에서 증폭된 진동을 일으켜서 100m 떨어진 비행기 엔진에서 느껴지는 강도의 소리를 낸다. 우리는 이 과정을 매우 단순한 방법으로 이해할 수 있다. 들어간 공기(구멍을 통해 빠져나오지 않는 공기)는 구멍으로 나와야 할 때까지 몸체를 돌아다닌다. 이 과정에서 내부의 압력이 증가한다. 이렇게 증가한

압력은 심판의 입에서 구멍으로 들어가는 새로운 공기를 밖으로 밀어내고, 따라서 압력이 감소하면서 호루라기 안으로 다시 많은 공기가 들어가게 된다. 이런 일이 반복되면서 몸체 공기 압력으로 초당 수백만 번의 진동이 생긴다. 이 진동은 음파 형태로 공기를 통해 경기장 전체에 전파된다. 호루라기 내부에 작은 공을 넣는 생각을 한 사람도 바로 허드슨이다. 구멍을 막았다가 열면 나는 소리의 떨림은 소란한 경기장에서 단연 돋보인다.

물론 경기장에서 즐길 만큼 운이 좋지 못한 우리도 여기저기에 있는 확성기와 스피커 덕분에, 호루라기 소리를 잘 들을 수 있다.

36

—

아인슈타인과 GPS

—

산티아고의 북서쪽에 위치한 항구 도시 발파라이소의 정오, 태양이 가장 높이 떠 있는 시간이다. 산티아고에서는 정오가 되기 4분 전이지만, 실제로 이 두 곳은 같은 시간대로 관리된다.

서로 다른 곳의 본초 자오선의 시차는 동서 방향(경도)에서 우리 위치를 알아보는 가장 좋은 방법이었다. 발파라이소에서 배를 타고 항해하다가 폭풍우로 길을 잃어서 경도를 알고 싶은 상황이라고 가정해 보자. 우선 태양이 하늘에서 움직이다가 가장 높은 지점에 도달하는 정오 시간을 기다리자. 그 순간이 있는 곳의 정오를 의미한다. 이제 발파라이소 항구 시간에 맞춰진 시계를 보면 된다. 4분씩 차이 날 때마다 발파라이소에서 점점 멀리 떨어져 있는 셈이다.

적도에서 경도 1도의 거리는 111km에 해당한다. 따라서 그 항구에 동기화된 시계(30초 미만의 오차)는 약 20km의 정밀도(오차범위)로 경도를 정해준다.

오늘날 가장 저렴한 시계도 최소한 한 달 동안은 동기화를 유지할 수 있다. 하지만 오늘날은 그 일들이 훨씬 쉬워졌다. 모든 휴대전화 회사는 GPSGlobal Positioning System, 지구 위치 측정 체계가 포함된 장치를 제공하는데, 버튼만 누르면 미터 단위 정밀도로 위도와 경도를 알려준다. 이 기술 개발의 역사는 매혹적일 만큼 흥미진진하고, 미국 공군이 이 시스템을 만들어 보강한 위성들을 발사한 1993년 6월 26일에 최고조에 달했다.

1707년 말 영국 해군은 최악의 비극으로 인해 깊은 슬픔에 빠졌다. 해군 총사령관 클로디슬리 쇼벨 경Clowdisley Shovell이 이끄는 4척의 영국 왕실 함선이 난파되어 약 2,000명이 사망하는 사건이 발생했다. 그늘은 영국 해협의 잔잔한 바다로의 항해를 준비하고 있었다. 그러나 경도를 잘못 계산해서 프랑스 해안 근처에 있다고 착각했지만 실제로는 동쪽으로 200km 이상 떨어진 곳에 있는 시칠리아섬의 암초로 향하고 있었다. 그 당시에 이런 실수들은 흔했다. 특히 시계는 가지고 있는 사람의 움직임과 온도 변화에 영향을 받아 정확성이 많이 떨어졌다.

그 비극 이후 1714년 영국 의회에서는 공해公海에서 최소 오차 범위 0.5도로 경도를 결정하는 방법을 찾는 사람에게 2만 파운드(현재 가치로 환산시 약 1,000만 달러)의 상금을 주겠다고 발표했다. 수

년이 지난 후 1773년에 크로노미터chronometer •, 발명가인 존 해리 슨John Harrison이 상금을 탈 수 있었다.

흥미롭게도 우리 위치를 아는 문제는 시계의 동기화와 관련이 있다. 이제 GPS로 돌아가 보자. 당신의 현재 위치를 계산하려면 이 장치가 지구 궤도를 도는 26개의 인공위성 시스템에 연결되어야 한다. 각 위성에는 원자시계(원자나 분자의 진동 주기로 시간을 재는 대단히 정확한 시계)가 탑재되어 있다.

GPS 작동법을 이해하기 위해서 간단한 예를 들어 보자. 3차원적 위치 대신 1차원적 위치, 즉 아리카와 푸에르토 몬트를 잇는 고속도로의 위치를 알고 싶다고 상상해 보자. 이것을 위해서 아리카에 매우 정확한 시계를 놓는다. 이 시계의 시간은 매우 짧은 간격으로 도달하는 무선 신호로 나타난다. 이제 첫 번째 시계와 동기화된 두 번째 시계가 있다고 가정해 보자. 그다음 고속도로 어디서나 신호를 받아서, 아리카의 시계와 당신의 시계를 비교하면 된다. 둘 사이에 차이가 있음을 확인할 텐데, 그 차이는 신호가 당신의 위치로 올 때 지체된 시간이다. 무선 신호가 빛의 속도로 움직이기 때문에 아리카와 떨어진 거리를 계산할 수 있다. 그러나 빛은 10나노초(1나노초는 10억 분의 1초)에 3m를 이동하기 때문에, 오차범위 3m의 정밀도로 결과를 얻으려면 시계들도 같은 정밀도로 동기화되고 적절한 시간 동안 그것이 유지되어야 한다.

이 정밀도를 얻을 수 있을까? 가능하다. 가능하지 않다면 GPS

• 항해 중인 배가 천축에 의해서 배의 위치를 산출할 때 사용하는 정밀한 시계

가 존재하지 않을 것이고, 위의 예는 속임수에 지나지 않는다. 오늘날 최고의 원자시계들은 10억 년에 1초 정도의 오차를 유지하고 있다. 그 정도면 별문제가 없다.

자세히 보자면 이것은 시공간의 곡률curvature of space-time•과 관련이 있다. 아인슈타인은 특수 상대성 이론에서 나를 기준으로 특정 속도로 움직이는 물체를 보면 상대편의 시간이 지연된다는 것을 증명했다(시간의 지연[time dilation, 시간의 팽창]). 또한, 일반 상대성 이론에서 중력장이 시계 속도에 영향을 미친다는 결론도 내렸다. 그리고 위성은 약 1만 4,000km/h로 움직이고, 우리와 마찬가지로 지구 중력장의 영향을 받는다. 이런 영향을 고려할 때, 위성은 지구에서 멀리 떨어져 있어서 중력을 덜 받기 때문에 GPS 위성의 시계가 지상의 시계에 비해 매일 약 40마이크로초μs만큼 빨리 간다. 매우 짧은 시간이지만, 이 순간 동안 빛은 약 10km를 이동한다.

물론 이는 받아들일 수 없는 오류이다. 그러나 다행히도 우리는 상대성에 대한 지식을 통해 이 동시성Synchrony의 손실을 바로 잡는 데 필요한 계산을 할 수 있다. 상대성 이론은 정밀 시계 개발과 함께 GPS의 과학적 기초이다. 아인슈타인은 자신의 이론이 초기 투자액이 100억 달러 이상인 21세기 위대한 사업의 토대가 될 거라고는 상상도 못 했을 것이다.

때로는 기초 과학에 투자하는 것이 가장 좋은 사업일 수 있다.

• 시공간이 얼마나 휘어져 있는지 굽은 정도를 나타내는 양

37

라디오 스타, 마르코니

1909년 1월 29일 타이태닉호를 만든 회사의 또 다른 호화 유람선인 RMS 리퍼블릭RMS Republic이 다른 배와 충돌한 후 침몰했다. 치명적인 희생자가 거의 없었기 때문에 그 사건은 그렇게 많이 알려지지는 않았다. 대신 그것은 통신 역사상 획기적인 사건으로 기록되었다. 최근 개발된 굴리엘모 마르코니Guglielmo Marconi의 무선 전신을 사용해 방사형으로 생방송을 한 첫 번째 비극적인 소식이었기 때문이다.

결론적으로 RMS 리퍼블릭 호는 두 가지의 위대한 전설을 만들었다. 하나는 수십억 달러의 금화가 아직도 해저에 숨겨졌을 거라는 추측이고 다른 하나는 스타가 된 마르코니의 명성이다. 그 마술사는 '라디오'라고 알려진, 선이 없는 새롭고 신기한 통신 방식을 가능하게 했다.

같은 해 마르코니는 노벨 물리학상을 받았다. 그의 삶에 대해서는 의견이 분분하지만, 꽤 인상적인 건 사실이다. 마르코니는 학교에서 성적이 안 좋아서 대학에 입학할 수 없었고, 과외 교사로부터 약간의 정규 교육을 받았다. 그리고 그는 고집이 센 아이였다. 수학적 재능은 부족했지만, 대신 비즈니스 감각, 기업가 정신, 호기심 및 기발함은 넘쳤다.

그는 이탈리아의 볼로냐에서 태어났다. 아버지는 대지주였고, 어머니는 중요한 위스키 양조장을 소유한 아일랜드 정치인 앤드루 제임슨Andrew Jameson의 딸, 애니 제임슨Annie Jameson으로 결혼 후에도 아버지의 성을 그대로 사용하고 있었다. 마르코니의 아버지는 돈이 있고, 당시 귀족 사회와 유럽 지식인 중 저명한 인물들과 친분이 있었지만, 아들을 대학에 입학시킬 수는 없었다. 그를 볼로냐 대학교 도서관에 넣어서 지금은 무선 전파로 알려진 헤르츠파Hertz waves 전문가인 아우구스토 리기Augusto Righi 교수의 개인 지도를 받게 한 것은 그의 어머니였다.

10장 '모든 것을 통합하라'에서 보았듯이 18세기 말, 맥스웰은 오늘날 이 파동이 전자기학으로 알려진 단일 이론을 통해 설명될 수 있음을 보여주었다.

마르코니는 무선 전파의 생성과 탐지 가능성에 대해 알았을 때, 즉시 이것이 통신이 혁명을 일으킬 수 있다고 상상했다. 그는 20세에 무선 전신을 완성하기 위해 부모님 집 다락방에 실험실을 만들었다. 1년 후, 1895년에 모스 부호로 2km 이상 신호를 보내는 데 성공했다. 1896년에 그는 이미 런던에 있었는데, 자신의 회사를 세워 최고의 엔지니어와 과학자들을 참여시키고, 첫 특허들을 얻었다. 1900년에는 가장 유명한 7777번 특허를 얻었고, 이를 통해 무선 전신을 상업적으로 이용할 수 있게 만들었다.

물론 마르코니가 대서양 횡단 무선 전송이 불가능하다는 우려를 일소하는 공식적인 준비에 부족했을 수도 있다. 그 당시는 파동이 직선으로 이동한다고 생각했기 때문에, 가시 지평선visible horizon 너머로 전송될 수 없다고 보았다. 그러나 아무도 특정 무선 전파가 전리층(지구 상층의 이온화된 층)에 반사되어, 직선거리보다 훨씬 더 큰 전송 거리를 얻을 수 있다는 걸 몰랐다. 따라서 1901년, 마르코니는 영국과 캐나다 사이의 대서양을 횡단하는 첫 무선 전신에 성공해서 그 편견을 없앴다.

마르코니는 새로운 물리학을 창조한 게 아니라, 이미 존재하는 다양한 요소들을 완성하고 상용화에 성공했다. 그의 위대한 경쟁자인 니콜라 테슬라Nikola Tesla는 마르코니보다 먼저 무선 전신 개발에 성공했었지만, 그에게는 돈과 인맥, 강한 태도가 없었다. 테슬라는 마르코니를 수차례 고소하며, 그가 자신을 표절한 '무식한 놈'이라고 비난했다. 하지만 마르코니는 전혀 알지 못했던 일이라고 주장했다. 1943년 둘 다 사망하고 몇 년 후, 미국 대법원은 마르코니에게 부여된 무선 전신 특허를 취소하고 대신 테슬라의 손을 들어 주었다.

마르코니 그는 분명 괴짜였다. 그는 1919년에 엘레트라Elettra

라는 요트를 인수했다. 거기에서 자신이 가장 좋아하는 두 가지 인 파티와 실험을 했다. 말년에는 파시즘을 신봉했는데 무솔리니 는 그를 이탈리아 왕립 아카데미의 총장으로 지명해 파시즘 대평 의회에 참석할 수 있는 권리까지 주었다. 그 당시 그는 그 서한 앞 머리에 "존경하는 상원 의원, 마르케스 굴리엘모 마르코니, 이탈 리아 왕립 아카데미 총장, 파시즘 대평의회 위원께"라고 써달라고 요구하기도 했다. 그렇다고 무선 기술의 대중화와 볼로냐 다락방 의 외로움 속에서 이룬 그의 위대한 업적까지 격하시키는 건 부당 할 것이다.

그는 훌륭한 기업가이자 나르시시스트, 파시스트, 괴짜, 호색가, 표절자 등 복잡하고 어려운 인물이었다. 그러나 그가 라디오 스타 임은 틀림없다.

38

—

이혼의 물리학

—

나는 이런저런 이유로 따분하게 있는 걸 좋아하지 않는다. 그래서 작년에는 어떤 과학적 문제에 매달리게 되었다. 사실 그건 과학 밖의 문제였는데, 황당하게도 꼭 해결할 수 있을 것만 같은 마음이 들었다. 결국, 답을 찾는 데는 지식보다 집념이 중요했다. 이것은 몇 달간의 연구 끝에 나온 결과이다.

이미 과학 저널에도 발표되었으니, 이 일에 대해서 말해도 될 것 같다.● 어떻게 보면 이런 연구가 정신 나간 일처럼 보일 수도 있다. 나는 이 칼럼들을 쓰면서 개인사를 말한 적이 한 번도 없다.

———

● 양육 문제의 물리학(The physics of custody arrangements)》이라는 글 게재

여기에서는 우주를 이해하고 우리 삶을 변화시킨 훌륭한 과학자들의 위대한 이론에 접근하고 있기 때문이다. 그러나 어떻게 보면 과학의 하루하루는 우리의 소소한 일상과 같다. 영웅담이나 매력적인 이야기는 아니지만, 우리와 매우 가깝다. 그리고 리푸블리카 거리의 카페에서 먹는 크루아상에 커피 한잔과 내 강의들 사이에 있는 우리 일상을 다루기 때문에 어쩌면 더 정직하다.

다른 한편, 내가 던지는 과학적인 질문들은 일상의 문제를 해결하는 것을 목표로 한다. 그중 하나가 바로 전 세계 이혼 부부에 대한 문제이다. 알다시피 결혼에 실패하면 많은 문제와 좌절을 경험하게 된다. 고백건대, 나는 그것이 과학적인 문제를 일으킬 수 있을 거라고는 상상도 못 했다. 하지만 어쨌든 이런 문제도 환영한다. 해결책을 찾았기 때문에 더 그렇긴 하다. 물론 우리가 원했던 결과는 아니지만, 없는 것보다는 원치 않았던 해답이라도 있는 게 낫다.

문제를 이해하려면 먼저 예를 드는 게 좋을 것 같다. 내가 두 번 이혼했고, 전 부인들 사이에서 아들이 각각 1명씩 있다고 가정해 보자. 또한, 현재 아내도 있고, 그녀도 전남편 사이에서 난 아들이 1명 있다. 그런 상황에서 생길 수 있는 고민 중 하나는 내 자녀들과 지금 아내의 자녀들의 방문 계획을 세우는 일이다. 보통 이혼한 부모의 방문 조율은 각 부모가 자녀들과 함께 격주로 주말을 즐기는 것을 뜻한다. 두 전부인 사이의 아이들과 동시에 같이 주말을 보낼 수 있다는 보장이 없다. 물론 이런 나의 바람은 자녀들 사이에 형제애를 키워준다는 면에서는 바람직하다. 여기에다가 지금 아내의 아들도 이 주말에 함께 보내고 싶다고 생각해 보자. 이렇게 아이들을 한 번에 다 만나면 한 주는 가족 주말로 즐길 수 있고, 다음 주는 부부만의 낭만적인 주말을 보낼 수 있다. 이렇게 될 수만 있다면 모두에게 좋은 완벽한 조율이다.

그러나 이런 상황에 반대 의견을 내는 사람이 있다는 것을 안다면, 이 계획이 쉽지 않다는 것도 알게 될 것이다. 예를 들어, 여름 방학이 되면 전 부인들이 각자 다른 주말 계획을 갖고 있을 수도 있다. 그리고 그녀들은 아이들의 일정이 서로 맞지 않는다고 생각한다. 물론 이 문제는 그녀들 중 한 사람과 협상을 통해 해결할 수 있을 것이다. 그러나 이것은 그 두 사람만의 문제가 아니다. 그녀는 자신이 계획을 수정해도 아이들을 한 번에 함께 만나는 건 불가능하다고 주장할 수도 있다. 그녀는 지금 아내와 또 다른 전처 사이에 협상을 요청하고, 그들의 결정을 따라야 할지도 모른다. 여러모로 복잡하고 어려운 일이다.

엄밀히 말하자면 여기에서 다음과 같은 수학적 질문이 제기된다. "과연 전 부인들과 현재 아내로 연결된 가족 모두가 기꺼이 하나가 되어서 동시에 주말을 즐겁게 보낼 수 있을까?"

우리는 대답과 상관없이 이런 가정을 하는 질문 자체에 별 관심이 없을 수도 있다. 먼저, 이렇게 서로를 배려하는 것이 그저 유치한 감정이나 시간 낭비라고 여길 수도 있다. 더욱이 이전 배우자와 있었던 일을 들어보면, 결혼하고 그들이 꿈꾸던 협상 능력과 상호 협력은 이미 상처를 받았다. 혹여 다시 그럴 마음이 있다고 해도, 이 문제를 해결하기 위해서는 자리가 많은 스포츠 경기장에서 이전 배우자들과 상상할 수 없을 정도로 다양한 만남을 소집하는 불가능한 일을 해야 할지도 모른다.

복잡함의 결정판

—

만일 매우 실용적인 삶의 방식을 가진 사람이라면, 이 질문의 답을 찾으려는 계획엔 관심도 갖지 않을 것이다. 하나의 이론을 세운다고 해도 실제 상황은 매우 복잡하게 나타날 거라고 주장할 것이다. 물론 나도 그 말에는 동의한다. 그러나 이론이 현실과 매우 다르다면, 이론과 현실이 달라서가 아니라, 그 이론이 안 좋거나 불완전하기 때문이다.

그리고 우리가 세우는 이 단순화 과정과 이론이 실제로는 아주 유용하지 않을 수도 있다. 사실, 언급하지 않은 다른 가정假定들도 있다. 예를 들어, 어떤 이전 배우자들은 자기 아이들이 지금 내 아내의 자녀와 함께하는 걸 싫어할 수도 있다. 또한, 제한적인 외부 요인 때문에 변경 자체가 허용되지 않아서 전 부인과 협상할 방법이 없을 수도 있다. 예를 들어, 내 아내의 전 남편이 경찰관이고 매주 일요일만 쉴 수 있다면, 아들과 함께할 수 있는 날은 일요일뿐이다. 이런 경우는 직접 관련된 사람들뿐만 아니라 연결된 모든 사람에게도 영향을 미친다.

이것은 이 문제가 모든 차원에서 얼마나 복잡한지를 보여준다. 그러나 모든 과학 탐구의 전형적 특징 중 하나는 단순화이다. 보통은 과도한 단순화지만, 그래도 문제의 핵심은 놓치지 않는다. 이것은 풍자 만화가가 하는 일과 비슷하다. 그림을 그릴 때 얼굴을 다 그리지 않고 특징만 잡지만, 그 본질이 잘 드러나게 표현한다. 단순화 과정이 끝나면 더 많은 변수와 상세함이 더해지고, 자연계가 끝없이 우리에게 내민 문제에 접근할 수 있게 된다.

사실 과학자는 보통 이런 단순화 작업에 매우 흥미를 갖는다. 과학자에게 이것은 초기 접근 그 이상의 의미로, 만화가에게 그것이 그림을 간단하게 그리는 법 이상의 의미가 있는 것과 마찬가지이다. 이것은 곧 종합이다. 그 현상의 가장 핵심을 뽑아내는 일이다. 때때로 어떤 것은 실험실의 통제된 조건에서 관찰될 수 있다. 또 어떤 것은 뭔가를 이해했다는 만족감을 주기도 한다. 앞의 예의 경우에는 모두를 잃지 않아도 되는 마음의 평화를 줄 수 있다. 한 스포츠 기자의 말을 덧붙이자면, "최소한 우리에게는 더 행복해질 수 있는 수학적 가능성이 있다."

어쩌면 우주 어딘가에는 결혼 실패로 인한 모든 고통을 제거할 수 있는, 그래서 동시에 모든 자녀와 함께 보낼 수 있는 곳이 있을지도 모른다.

자기 작용과 방문 체제

———

나는 대학의 동료인 빅토르 무뇨스Víctor Muñoz와 안드레스베조 대학교의 피에레 파울 로마그놀리Pierre Paul Romagnoli와 함께 위에서 말한 문제에 도전했다(《양육 문제의 물리학》 공동 저술). 그런데 결과적으로 내용은 좀 비관적이다. 실제로 나타나는 복잡한 예외들을 제외해도, 모든 부부가 모든 자녀와 동시에 함께할 수 있는 건 아니기 때문이다. 그렇지 못한 상황들도 있다.

예를 들어보자. 아나와 보리스 사이에는 자녀가 없지만, 각자 이전 배우자와의 사이에서는 자녀들이 있다. 즉, 아나는 전남편 카를로스와의 사이에서, 보리스는 전부인 다니엘라와의 사이에서 자녀가 있다. 그런데 여기에 카를로스와 다니엘라가 만나서 자녀를 낳고 이후에 이혼했다고 생각해 보자. 만일 아나와 보리스가 주말에 언제든지 모든 자녀와 함께할 수 있을 정도로 운이 좋다면, 카를로스와 다니엘라는 그 주말에 자신들이 낳은 자녀와 시간을 보내고 싶어 할 것이다. 따라서 다음번에는 모든 자녀가 함께 시간을 보낼 수 있다. 그러나 두 사람 중 하나가 그 주말에 자기 아이(전 배우자와 사이에서 낳은)와 함께 있어야 한다면, 아나와 보리스를 방문하는 그 형제와는 함께 보낼 수가 없을 것이다. 이것은 완전한 방문 체제가 항상 가능한 건 아니라는 사실을 보여준다.

하지만 질문을 약간 바꾸면 긍정적인 결과에 도달한다. 모든 자녀에게 함께하자는 요구 대신, 각 부모가 격주로 모든 자녀와 함께 보내는 것이다. 그러나 그렇다고 꼭 배우자의 자녀들과 함께 보내야 하는 건 아니다. 따라서 아나와 카를로스의 아들이 꼭 보리스와 다니엘라의 아들과 꼭 동시에 있을 필요는 없다. 아나와 카를로스는 낭만적인 주말을 보내지 않겠지만, 적어도 동시에 그들은 각자 자녀들과 함께 보낼 수 있게 될 것이다. 이런 방문 체제를 만드는 건 쉽다. 실제로 관계망의 크기와 상관없이 이런 형태의 해결책은 늘 가능하다는 것을 증명할 수 있다.

이 문제에 대한 최소한의 합리적 해결책을 통해 마음의 평화를 얻고, 우리가 얼마나 더 그 문제를 개선할 수 있는지 알게 되었다. 이 방법을 통하면 적어도 몇몇 부부는 모든 자녀와 함께할 수 있는 행운을 얻고, 행복을 방해하는 고민이 사라질 수 있기 때문이다. 그렇다면 다음과 같은 질문을 할 수 있다. "관계망에서 행복한 부부의 숫자를 최대화하는 규칙을 찾을 수 있을까?" 사실 대답은 긍정적이다.

그렇다면 과연 여기에서 물리학이 무슨 상관이 있을까? 이런 일은 과학에서 다반사로 일어나는 일이다. 완전히 다른 성질의 두 현상이 수학적 문제들로 단순화된다. 특히, 이 시스템에서 불행한 부부의 숫자를 최소화하는 방법을 찾는 일은 스핀 글라스spin glass•로 알려진 자성체의 낮은 에너지 상태를 찾는 것과 똑같다. 따라서 이는 결국 다양한 해결 방법을 알고 있는 물리학에서 연구했던 문제가 될 수 있다. 이혼한 사람들의 관계망은 원자들이 물질 안에 형성하는 거대하고 복잡한 망보다 훨씬 작기 때문에 이 문제는 훨씬 다루기 쉽다.

이런 과정들이 과연 도움이 될까? 나도 이에 대해 많은 의심을 하지만, 그건 별로 중요하지 않다. 최소한 이제는 만족스러운 방문 체제를 만들려고 애쓰는 모든 부모에게 이론적으로나마 평안

• 비결정질 물질인 유리의 이름을 따서 전자스핀이 불규칙하게 정렬한 것

함을 줄 수 있다.

　우리는 이전보다 더 나은 해결책이 있다는 사실을 알게 되었다. 굳은 의지와 소통, 그리고 일부 자성체의 물리학을 안다면, 아마도 해답을 얻을 수 있을 것이다.

39

—

마이크로 혁명

—

1674년 네덜란드의 한 도시 델프트에서 온 리넨 판매업자는 이상하리만큼 놀라운 점을 발견했다. 그가 직접 만든 현미경 렌즈 밑에는 지금까지 본 것 중 가장 작은 생물이 놓여 있었다. 과학의 역사에서 그 순간은 갈릴레오가 망원경으로 하늘을 처음 본 순간과 비견될 만하다. 그렇게 새로운 우주가 드러났다. 그것은 우리 감각으로는 볼 수 없는 세계이다.

약 35억 년의 진화는 헛되지 않다. 이 시간 동안 우리의 감각계는 밀리미터에서 수 킬로미터에 이르기까지 안전하게 발전해왔고, 이로 인해 마이크론에 가까운 우리 조상들의 일상과는 멀어지게 되었다. 그러나 생물학적 크기의 한계는 그저 겉모습일 뿐이다.

인간의 상상력과 분석 능력은 이러한 생물학적 한계를 넘어 우주를 새롭게 보고 우리의 기원을 재발견하게 했다.

은하계뿐만 아니라 미생물계까지 모두 가능해졌다. 이제 안톤 판 레이우엔훅Anton van Leeuwenhoek이 처음 본 박테리아를 다시 살펴보자. 그가 원생동물이라고 불렀던 이들은 우리에게 새롭고 아름다운 자연계의 경관만 선물해준 게 아니라, 지금도 우리 안에 살고 있다. 또한, 오랫동안 많은 사람이 생각한 것처럼 우리에게 질병만 주는 존재가 아니다. 오히려 그들은 우리 생물학에서 필수적인 존재이다.

리넨에서 현미경까지
—

레이우엔훅은 정식 과학 교육을 받지 않았다. 보통 직물 상인들은 품질 평가 때문에 조직 섬유를 관찰했는데, 정밀한 관찰을 위해 좋은 확대경을 사용했다. 그래서 보통은 직접 렌즈를 만들었다. 그 또한 평생 좋은 확대경을 갖고 싶다는 마음이 강했고, 유리를 다루는 기술을 배워서 그 당시 가장 강력한 현미경을 만들게 되었다.

당시의 현미경은 오늘날 우리가 알고 있는 것과는 매우 달랐다. 오히려 강력한 돋보기에 가까웠다. 렌즈가 들어가는 구멍은 청동판으로 만들었다. 렌즈는 유리 구체였고, 점점 크기가 작아지면서 더 강력한 현미경이 되었다. 그도 작고 완벽한 유리구球를 만드는 기술이 있었다. 그는 호기심 넘치는 탐구 정신 때문에 직물 대신 손에 잡히는 대로 무엇이든 관찰하게 되었다. 그렇게 현미경적 우주가 그의 눈앞에 펼쳐졌다. 그 누구도 그가 봤던 것처럼 자연을 들여다볼 기회는 없었다. 그것은 아름답고 불안하고, 무시무시하고 미세한 풍경이었다.

1673년 40살의 나이에 그는 런던 왕립학회에 전설적인 편지 중 첫 번째 편지를 보냈다. 여기에서 그는 벌침에 대한 관찰을 묘사했다. 1년 후, 1674년에는 여름 버켈스 호수에서 산책하다가 물속에서 희끄무레한 녹색을 발견했다. 그는 그것을 샘플 병 몇 개에 담아서 현미경으로 관찰했다. 그는 호수의 숨겨진 아름다운 풍경을 감탄하며 바라보았다. 렌즈 아래에서 움직이는 매우 다양한 미생물들이 보였다. 이제까지 그 누구도 보지 못한 형태와 색깔들이 놀란 그의 눈앞에 드러났다.

"물속에서 다니는 이 원생동물들의 움직임은 매우 빠르고 다양한데, 위, 아래 또는 원으로 움직이는 모습을 관찰하는 것이 정말 멋졌다." 그가 1674년 9월 7일 자로 왕립학회에 보낸 편지에서 설명한 것은 단세포 생물이었다. 그는 아메바와 해초의 원생생물의 세계를 공개했다.

그 후 수년 동안, 그는 최초로 정자, 적혈구, 모세혈관 그리고 무엇보다도 가장 중요한 박테리아를 관찰했다. 그가 처음으로 관찰한 것들은 1683년 9월 17일 왕립학회에 보낸 편지에서 보고되었다. 그는 자기 입에서 추출한 치석에서도 그들을 발견했다. "너무 놀랍게도 각각의 표본에서 많은 작은 원생동물을 보았는데, 그들은 우아하게 움직이고 있었다. 가장 큰 동물들은 물(또는 타액)에서 물고기처럼 움직였다. 그리고 작은 동물들은 팽이처럼 돌고 있었다. 이들의 숫자는 매우 많았다. 마치 모든 물이 살아 있는 것처럼 보였다."

그의 아내와 딸, 그리고 오랫동안 양치를 하지 않은 노인의 입에서 추출한 표본들에서도 같은 모양들이 관찰되었다. 특히 노인의 입속에서 원생동물의 수가 훨씬 더 많았고, 크고 움직임도 빨랐다.

인간과 박테리아 세계의 만남이 인정되고 레이우엔훅의 이름이 인류 문화 및 과학사에서 영원히 빛날 이름으로 기록되기까지는 어느 정도 시간이 필요했다. 그것은 우주에 우리의 자리를 다시 확인하는 새로운 세계와의 만남이었기 때문이다. 콜럼버스와 마찬가지로 레이우엔훅도 오랜 시간 잊혔던 공통된 기원의 존재들 사이의 문을 열었다. 물론 여기에서 시간은 우리 문화가 갈라놓은 일이만 년을 말하는 게 아니다. 진화의 과정에서 근본적으로 우리 종種과 오랫동안 분리되었던 수십억 년을 뜻한다.

새로운 세계
—

박테리아는 작다. 사실이다. 그러나 그들이 지구상에서 가장 많은 생물(단세포 생물의 또 다른 집단인 고세균과 함께)임은 어느 정도 틀림없다. 우리 몸 세포의 90% 이상이 박테리아이다. 그러나 그것들은 평균적으로 훨씬 작기 때문에 우리 질량에서 차지하는 비율이 낮다. 우리가 그들을 제거한다고 해도, 무게가 1kg 이상 줄지는 않는다. 그러나 우리는 그들을 제거하고 싶지 않을 것이다.

박테리아 세계의 일반적 규모는 미크론μ, 즉 1mm의 1,000분의 1이다. 대부분은 미크론으로 측정한다. 이 크기를 이해하기 위해 예를 들자면, 평균적인 사람의 머리카락은 0.1mm 즉 100미크론이다. 사람의 머리카락의 지름을 채우기 위해서는 약 100개의 박테리아가 늘어선 줄이 필요하다. 물론 작은 박테리아일 때이다.

레이우엔훅이 입속에서 관찰했던 가장 큰 박테리아들은 셀레노모나스selenomonas였는데, 이 크기는 10미크론 정도 된다. 또한, 오늘날 박테리아는 1mm의 크기까지 측정되며, '나미비아의 유황진주Sulfur Pearl of Namibia'라고 명명된 박테리아는 맨눈으로 볼 수도 있는, 지금까지 알려진 가장 큰 박테리아다.

특정 추정에 따르면, 지구상에는 약 10^{30}개의 박테리아가 존재한다. 박테리아가 얼마나 많은지 실감하려면 지구의 인구 총 몸무게가 약 5억 톤이라는 것을 생각해보면 된다. 총 박테리아의 질량은 전체 인구의 약 10억 배를 웃돈다.

우리는 박테리아다

보통 사람들은 박테리아 세계에 관심을 두지 않는다. 왜냐하면, 박테리아의 존재에 대해서 듣고 생각할 때 가장 먼저 질병이 떠오르기 때문이다. 그러나 사실 극히 일부 박테리아만 인체에 해롭다. 박테리아 동물학에서 종을 분리하는 것은 어렵지만, 보수적으로 잡아서 최소 100만 종이 있는 것으로 추정된다. 이 중 약 50여 종만이 인체에 해롭다.

물론, 우리는 그 의견에 반대할 수도 있다. 병원성 박테리아는 극소수지만, 높은 비율의 질병을 일으키는 원인이기 때문이다. 그러나 그 의견에도 중요한 사실이 빠져 있다. 우리 몸에 서식하는 박테리아 대부분은 무해할 뿐만 아니라, 그 존재는 몸의 적절한 기능을 위해 필수적이다. 최근 10년에 들어서야 과학이 소위 인간 미생물 군집human microbiome이라는 우리 안에서 발견한 박테리아 군집과 그 외 미생물의 핵심 기능을 이해하기 시작했다.

예를 들어, 우리의 소화 기관에는 1,000종 이상의 박테리아가 서식하는데, 이들의 유전자는 약 300만 개로 유전 물질이 포함된 인간 유전자의 약 100배 이상이다. 소화 기관 안에는 다른 방법으로는 소화되지 않는 분자들이 있다. 많은 미생물들이 이 분자들을 분해하는 효소를 합성하고 있는 것으로 밝혀졌다. 또한, 미생물의 적절한 기능이 병원성 미생물의 공격으로부터 우리를 보호한다. 더 최근에는 미생물이 비만 및 성격 특성의 조절에 중요한 역할을 한다는 실험들도 있다. 여전히 논쟁의 여지가 있지만, 우리 속에 사는 박테리아가 우연히 일시적으로 오는 손님 그 이상이라는 사실은 부인할 수가 없다. 그들은 우리의 일부분이다. 그들은 우리를 몸속의 또 다른 세포로 정의한다.

레이우엔훅은 세상에 박테리아가 있다는 걸 알았지만, 적어도 우리 자신이 그 박테리아라는 사실은 상상도 못했을 것이다.

40

—

영화 속 별들

—

기다리고 기다리던 여름이 되었다. 도시 외곽, 따뜻한 밤하늘의 별빛에 축배를 드는 것보다 이때를 잘 즐기는 방법은 없다. 여기에는 와인 한 잔이면 충분하다.

테라스에 등을 기대면 우주는 나를 별빛으로 안아준다. 나는 동남쪽 하늘에서 가장 먼저 남십자자리를 발견한다. 지평선 조금 아래에 있는 센타우루스자리 알파α Centauri는 센타우루스자리Centaurus에서 가장 밝은 별이다. 이 별은 육안으로는 하나로 보이지만 실제로는 2개이고, 각자 스스로를 중심으로 자전한다. 그리고 지구로부터 불과 약 4.4광년 거리밖에 되지 않는다.

천문학자들 사이에 논란이 있지만, 그들은 지구 크기의 행성이 그 별들 중 하나를 중심으로 움직이고 있다고 믿는다. 또한, 표면 온도가 섭씨 1,000도 이상이기에 그곳에서는 생명체가 살 수 없다. 지평선에서 조금 더 위로 올라가면, 센타우루스자리 프록시마 Proxima Centauri가 우리와 함께 있는데, 태양계에서 가장 가까운 이웃 별이다. 불과 4.2광년 떨어져 있지만, 육안으로는 볼 수 없을 정도로 밝기가 약한 별이다.

육안으로는 볼 수는 없지만, 우리의 눈을 피해 센타우루스자리에는 많은 별이 웅크리고 있다. 예를 들어, 자정에서 30분이 지날 때쯤, 센타우루스자리 ANGC 5128는 센타우루스자리 알파 아래에서 지평선 위로 떠 오른다. 우리가 망원경 없이는 볼 수 없지만 화려한 은하는 여기에서 약 1,500만 광년 떨어져 있다. 센타우루스자리 A는 중심에 초대 질량 블랙홀이 있다고 알려졌는데, 그 질량이 태양의 5,500만 배이다. 그 블랙홀에서는 초고속으로 방출되는 거대한 물질인 제트Jet 2개가 반대 방향으로 뿜어 나온다. 이 모든 것이 남동쪽 지평선 바로 위, 작은 하늘 조각 속에 담긴 우주의 압도적인 다양성이다.

완벽한 우주선

내가 아는 가장 강력한 우주선은 바로 인간의 뇌이다. 우리가 직접 밤을 장식하는 물체들에 아주 가까이 다가갈 가능성은 매우 적다. 물론 지구의 위성인 달은 제외이다. 달은 우리와 아주 가깝다.

자연의 법칙에 허용되는 가장 빠른 속도로 여행하는 빛은 그곳에 도착하는 데 1초 조금 더 걸린다. 태양 다음으로 지구에서 가장 가까운 별인 센타우루스자리 프록시마는 4.2광년 떨어져 있다.

인간이 가장 멀리 우주로 발사한 물체는 1977년에 여행을 시작한 보이저 1호Voyager 1인데, 그것은 이미 태양계를 탈출했다. 지구에서 빛의 속도로 약 14시간이 조금 더 걸리는 곳에 도달해 있다. 센타우루스자리 프록시마는 보이저 1호보다 2,500배나 멀리 있다! 이게 너무 큰 숫자처럼 보인다면 센타우루스자리 A에 도달하는 상상도 해 보자. 이것도 그나마 상당히 가까운 은하인데, 우리 은하로부터 약 1,500만 광년 떨어져 있다.

우주는 우리 손으로는 잡을 수 없지만, 두뇌로는 얼마든지 가능하다. 인간은 오래 쌓인 측정과 아이디어들을 통해 자연에 대한 성공적인 이론을 세웠다. 이를 통해 만지거나 인식할 수 없는 것들, 즉 물질의 아원자적 본질부터 시간과 공간의 꿰뚫을 수 없는 먼 거리까지 예측하고 이해할 수 있게 되었다. 그리고 훌륭한 과학자, 영화 제작자, 작가, 배우 및 기술자 덕분에 지금 우리에게 막혔던 우주여행을 계획할 수 있게 되었다. 가능성이 희박해 보이지만 아름다운 여행은 우리를 가장 순수한 먼 옛날의 기원과 연결해 준다. 2014년에 나온 크리스토퍼 놀란 감독의 영화,《인터스텔라Interstellar》는 이런 여행으로 우리를 인도했다.

나는 그 누구도 이런 모험에서 아주 멀리 있다고 생각하지 않는다.

킵 손의 꿈

공상 과학 소설에 대해서는 따로 설명할 필요가 없다. 그것은 과학이 아니다. 특정 과학적 사실에 기초한 판타지일 뿐이다. 영화 《인터스텔라》에서 벌어지는 일들이 그렇다.

이 영화 원작의 상당 부분이 과학적 판타지이다. 그러니까 전 세계 대학 카페에서 흔히 들을 수 있는 실제적 추측들이다. 보통 과학 기사에서 상식을 벗어난 추측들이 논리적 오류가 없고, 수학적으로 정확하며 공공의 이익이 있다면 환영받기도 한다. 아무튼 《인터스텔라》는 과학의 보급을 위한 게 아니다. 이 영화는 시간 팽창이나 블랙홀처럼 견고한 기초가 뒷받침되는 인정된 아이디어들과, 웜홀이나 우주의 여분 차원extra dimensions처럼 좀 더 불확실한 아이디어를 구별하지 않는다.

이 영화의 아이디어는 미국 우주 물리학자인 킵 손Kip S. Thorne이 제시하였다. 그는 80년 후반 처음으로 우주의 먼 지점을 연결하는 지름길인 웜홀이 자연 속에 존재할 수 있다는 가능성에 대해 연구했다. 그는 친구인 칼 세이건에게 1997년에 영화로 나온 소설《콘택트Contact》에 대한 자문을 했다. 스크린에서 우주의 이러한 신비로움이 표현된 것은 아마 이 영화가 처음이었을 것이다. 칼 세이건은 《인터스텔라》와도 관련이 있었다. 그가 영화 제작 프로듀서인 린다 옵스트Lynda Obst에게 킵 손을 소개했다. 그들은 2005년 10월에 공상과학 영화를 만들 생각을 하고 있었다. 단, 여기에는 매우 특별한 몇 가지 규칙이 있었다. 과학이 영화의 모든 면에 들어가야 하고, 판타지에 대한 자유는 있지만, 추측이더라도 진짜 과학에 기반을 둔 경우에만 가능하다는 것이었다.

그들은 먼저 스티븐 스필버그 감독을 고용하고 조나단 놀란Jonathan Nolan을 시나리오 작가로 선택했다. 그러나 이 계획은 이륙 단계에서 지연되었고, 마침내 조나단 놀란의 형인 크리스토퍼 놀란Christopher Nolan이 감독을 맡게 되었다. 크리스토퍼 놀란이 처음에는 킵 손이 정한 것보다 더 많은 허용을 요구했지만, 최종 결과는 만족스러웠다.

아무튼 사람들은 과학을 배우기 위해 영화를 보러 가지는 않는다. 사실 영화 속 블랙홀이 과학적 엄격한 기준 없이 단지 예술적 개념이었으면 아무것도 변하지 않았을 것이다. 그러나 그들은 엄청난 자본을 투자해가며 과학적 기준을 세웠기에 그런 영화를 만들 수 있었다. 그래서 이 영화에서는 과학뿐 아니라 과학 정신이 영화의 장면마다 스며 나온다.

다시 와인 잔을 들고

———

나는 지평선 위, 센타우루스자리 A에 있는 거대한 블랙홀 쪽을 바라본다. 영화 《인터스텔라》에 나오는 블랙홀 가르강튀아는 이 블랙홀과 매우 비슷한데, 질량이 두 배이다. 이 블랙홀은 크기가 커서 영화 속 탐사선 인듀어런스 호의 승무원이 안전하게 접근할 수 있다. 보통 질량이 작은 블랙홀은 큰 블랙홀에 비해 기조력(달과 태양이 지구에 작용하는 인력에 의해서 조석이나 조류운동을 일으키는 힘)이 더 세서 그들을 다 파괴하기 때문이다. 또한, 센타우루스자리 A는 주변 인간에서 치명적인 제트와 방사선을 생성하지 않는다.

영화 제작에서는 가르강튀아의 이미지를 얻기 위해 전례 없는 시뮬레이션이 이루어졌다. 《인터스텔라》가 만들어지기 전에는 아무도 그렇게 사실적인 블랙홀의 엄청난 아름다움을 본 적이 없었을 것이다. 킵 손은 예상치 못한 시뮬레이션 결과를 토대로 기술적 작업을 발표할 거라고 확언했다. 만일 이것에 관해 관심이 있다면 그가 쓴 책인 《인터스텔라의 과학The Science of Interstellar》을 참고하길 바란다.

이제 다시 지구로 돌아오자. 나는 손에 쥐고 있던 와인 잔을 지긋이 바라본다. 미국의 위대한 물리학자 리처드 파인만은 전설적인 강의에서, 와인 속에서 우주의 광대함을 찾을 수 있다는 것을 보여주었다. 이 영화에서 보여준 비슷한 정신으로 다음과 같이 말한다.

어느 한 시인이 "한 잔의 와인 속에 우주의 모든 것이 담겨 있다"라고 했다. 시인들은 이해받기 위해 글을 쓰는 게 아니기에, 아마도 우리는 이 말이 무슨 뜻인지 절대 모를 것이다. 그러나 와인이 담긴 잔을 자세히 들여다보면, 온 우주를 보게 될 것이다. 거기에는 물리적 요소들이 있다. 소용돌이치는 액체, 유리잔에서 일어나는 반사, 그리고 상상력이 추가시키는 원자들, 그리고 바람과 기온에 따른 증발. 유리잔은 지구의 암석을 정제시켜 만들었기에 그 원자 구조로 우주의 나이와 별들의 진화 비밀들을 알 수 있다. 와인에는 어떤 화학 성분이 들어 있을까? 어떻게 조합된 걸까? 여기에는 효모와 효소, 그리고 여기에 반응하는 물질들과 생성된 결과물이 들어 있다. 여기에서 우리는 매우 일반적 사실을 알게 된다. 즉, 모든 삶이 발효라는 것. 수많은 질병의 원인을 밝혀내야 와인의 화학도 발견할 수 있다. 이렇게 지켜보는 줄 알고 자신의 존재를 드러내는 와인의 이 생생한 검붉은 빛을 보라! 우리의 보잘것없는 지성으로 와인 한 잔을 놓고 이 우주를 물리학, 생물학, 지질학, 천문학, 심리학 등의 부분으로 나눈다고 해도, 자연은 그런 것에 관심이 없다는 걸 기억해라. 그러므로 이제 그것들을 다시 하나로 모으고, 이것이 무슨 의미인지 기억하자. 그리고 이제 신나게 즐기자. 마시고 다 잊어버려라!